大飞机出版工程　总主编／顾诵芬

民机先进航电系统及应用系列

主编／冯培德　执行主编／金德琨

国家出版基金项目
NATIONAL PUBLICATION FOUNDATION

民用飞机
驾驶舱
显示系统

Civil Aircraft
Cockpit Display System

周贵荣 等／著

上海交通大学出版社
SHANGHAI JIAO TONG UNIVERSITY PRESS

内容提要

  本书根据近些年我国在民用飞机,尤其是航电系统自主研发方面的实践和经验,结合民用飞机驾驶舱设计特征的演进,系统地总结和阐述了驾驶舱显示系统的主要功能、典型架构、一般开发与集成流程、典型产品等方面的内容。

  本书既可作为民用飞机设计与适航审定人员、相关领域研究人员的参考资料,也可供航空院校相关专业的高年级本科生、研究生以及科研工作者参考使用。

图书在版编目(CIP)数据

民用飞机驾驶舱显示系统/周贵荣等著.—上海:上海交通大学出版社,2019
(2020 重印)
大飞机出版工程
ISBN 978 - 7 - 313 - 22769 - 0

Ⅰ.①民… Ⅱ.①周… Ⅲ.①民用飞机-座舱飞行显示系统
Ⅳ.①V441

中国版本图书馆 CIP 数据核字(2020)第 003688 号

民用飞机驾驶舱显示系统
MINYONG FEIJI JIASHICANG XIANSHI XITONG

著 者:周贵荣 等
出版发行:上海交通大学出版社   地 址:上海市番禺路 951 号
邮政编码:200030   电 话:021 - 64071208
印 制:上海盛通时代印刷有限公司 经 销:全国新华书店
开 本:710mm×1000mm 1/16 印 张:17
字 数:228 千字
版 次:2019 年 12 月第 1 版   印 次:2020 年 12 月第 2 次印刷
书 号:ISBN 978 - 7 - 313 - 22769 - 0
定 价:178.00 元

大飞机出版工程
丛书编委会

民机先进航电系统及应用系列

编委会

总　序

国务院在 2007 年 2 月底批准了大型飞机研制重大科技专项正式立项,得到全国上下各方面的关注。"大型飞机"工程项目作为创新型国家的标志工程重新燃起我们国家和人民共同承载着"航空报国梦"的巨大热情。对于所有从事航空事业的工作者,这是历史赋予的使命和挑战。

1903 年 12 月 17 日,美国莱特兄弟制作的世界第一架有动力、可操纵、重于空气的载人飞行器试飞成功,标志着人类飞行的梦想变成了现实。飞机作为 20 世纪最重大的科技成果之一,是人类科技创新能力与工业化生产形式相结合的产物,也是现代科学技术的集大成者。军事和民生对飞机的需求促进了飞机迅速而不间断的发展,体现和应用了当代科学技术的最新成果;而航空领域的持续探索和不断创新为诸多学科的发展和相关技术的突破提供了强劲动力。航空工业已经成为知识密集、技术密集、高附加值、低消耗的产业。从大型飞机工程项目开始论证到确定为《国家中长期科学和技术发展规划纲要》的十六个重大专项之一,直至立项通过,不仅使全国上下重视起我国自主航空事业,而且使我们的人民、政府理解了我国航空事业半个世纪发展的艰辛和成绩。大型飞机重大专项正式立项和启动使我们的民用航空进入新纪元。经过 50 多年的风雨历程,当今中国的航空工业已经步入了科学、理性的发展轨道。大型客机项目其产业链长、辐射面宽、对国家综合实力带动性强,在国民经济发展和科学技术进步中发挥着重要作用,我国的航空工业迎来了新的发展机遇。

大型飞机的研制承载着中国几代航空人的梦想,在 2016 年造出与波音 737 和空客 A320 改进型一样先进的"国产大飞机"已经成为每个航空人心中奋斗的目标。然而,大型飞机覆盖了机械、电子、材料、冶金、仪器仪表、化工等几乎所有工业门类,集成了数学、空气动力学、材料学、人机工程学、自动控制学等多种学科，是一个复杂的科技创新系统。为了迎接新形势下理论、技术和工程等方面的严峻挑战，迫切需要引入、借鉴国外的优秀出版物和数据资料，总结和巩固我们的经验和成果，编著一套以"大飞机"为主题的丛书，借以推动服务"大型飞机"作为推动服务整个航空科学的切入点，同时对于促进我国航空事业的发展和加快航空紧缺人才的培养，具有十分重要的现实意义和深远的历史意义。

2008年5月，中国商用飞机有限责任公司成立之初，上海交通大学出版社就开始酝酿"大飞机出版工程"，这是一项非常适合"大飞机"研制工作时宜的事业。新中国第一位飞机设计宗师——徐舜寿同志在领导我们研制中国第一架喷气式歼击教练机——歼教1时，亲自撰写了《飞机性能捷算法》，及时编译了第一部《英汉航空工程名词字典》，翻译出版了《飞机构造学》和《飞机强度学》，从理论上保证了我们的飞机研制工作。我本人作为航空事业发展50年的见证人，欣然接受了上海交通大学出版社的邀请担任该丛书的主编，希望为我国的"大型飞机"研制发展出一份力。出版社同时也邀请了王礼恒院士、金德琨研究员、吴光辉总设计师、陈迎春总设计师等航空领域专家撰写专著、精选书目，承担翻译、审校等工作，以确保这套"大飞机"丛书具有高品质和重大的社会价值，为我国的大飞机研制以及学科发展提供参考和智力支持。

编著这套丛书，一是总结整理50多年来航空科学技术的重要成果及宝贵经验；二是优化航空专业技术教材体系，为飞机设计技术人员培养提供一套系统、全面的教科书，满足人才培养对教材的迫切需求；三是为大飞机研制提供有力的技术保障；四是将许多专家、教授、学者广博的学识见解和丰富的实践经验总结继承下来，旨在从系统性、完整性和实用性角度出发,把丰富的实践经验进一步理论化、科学化,形成具有我国特色的"大飞机"理论与实践相结合的知识体系。

"大飞机"丛书主要涵盖了总体气动、航空发动机、结构强度、航电、制造等专业方向,知识领域覆盖我国国产大飞机的关键技术。图书类别分为译著、专著、教材、工具书等几个模块;其内容既包括领域内专家最先进的理论方法和技术成果,也包括来自飞机设计第一线的理论和实践成果。如:2009 年出版的荷兰原福克飞机公司总师撰写的 Aerodynamic Design of Transport Aircraft(《运输类飞机的空气动力设计》),由美国堪萨斯大学 2008 年出版的 Aircraft Propulsion(《飞机推进》)等国外最新科技的结晶;国内《民用飞机总体设计》等总体阐述之作和《涡量动力学》《民用飞机气动设计》等专业细分的著作;也有《民机设计 1000 问》《英汉航空双向词典》等工具类图书。

该套图书得到国家出版基金资助,体现了国家对"大型飞机项目"以及"大飞机出版工程"这套丛书的高度重视。这套丛书承担着记载与弘扬科技成就、积累和传播科技知识的使命,凝结了国内外航空领域专业人士的智慧和成果,具有较强的系统性、完整性、实用性和技术前瞻性,既可作为实际工作指导用书,亦可作为相关专业人员的学习参考用书。期望这套丛书能够有益于航空领域里人才的培养,有益于航空工业的发展,有益于大飞机的成功研制。同时,希望能为大飞机工程吸引更多的读者来关心航空、支持航空和热爱航空,并投身于中国航空事业做出一点贡献。

2009 年 12 月 15 日

系列序

20 世纪后半叶特别是 21 世纪初,信息技术的高速发展带动了其他学科的发展,航空信息化、智能化加速了航空的发展。航空电子已成为现代飞机控制和运行的基础,越来越多的重要功能有赖于先进的航空电子系统来实现。先进的航空电子系统已成为飞机先进性的重要标志之一。

如果将发动机比作飞机的"心脏",航空电子系统则称得上是飞机的"大脑"和"中枢神经系统",其性能直接影响飞机的自动化和智能化水平,对飞机的安全性、经济性、舒适性、可用性等有重要的作用。由于航空电子系统地位特殊,因此当今主流飞机制造商都将航空电子系统集成与验证的相关技术列为关键技术,这也是我国亟待突破的大飞机研制关键技术。目前,国家正筹备航电专项以提升航空电子系统的自主研发和系统集成能力。

随着国家对航空产业的重视,在"十二五""十三五"民机科研项目的支持下,在国产大飞机研制的实践中,我国航空电子系统在综合化、模块化方面取得了很大的进步。本系列丛书旨在将我国广大工程技术人员在航空电子技术方面多年研究成果和实践加以梳理、总结,为我国自主研制大型民用飞机助一臂之力。

本系列丛书以"民机先进航电系统及应用"为主题,内容主要涵盖航空电子系统综合技术、飞行管理系统、显示与控制系统、机载总线与网络、飞机环境综合监视、通信导航监视、航空电子系统软件/硬件开发及适航审定、客舱与机载信息系统、民机健康管理系统、飞行记录系统、驾驶舱集成设计与适航验证、系统安全性设计与分析和航空电子适航性管理等关键性技术,既有理论又有设计方法;既有正在运营的各种大型飞机航空电子系统的介绍,也有航空电子发展趋势的展望,具有明显的工程实用性,对大飞机在研型号的优化和新机研制具有参考和借鉴价值。本系列丛书适用于民用飞机航空电子研究、开发、生产及管理人员和高等学校相关专业师生，也可供从事军用航空电子工作的相关人员参考。

本系列丛书的作者主要来自航空工业无线电电子研究所、航空工业西安航空计算技术研究所、航空工业雷华电子技术研究所、航空工业综合技术研究所、中国电子科技集团航空电子公司、航空工业陕西千山航空电子有限责任公司、上海交通大学以及大飞机研制的主体单位——中国商用飞机有限责任公司等专业的研究所、高校以及公司。他们都是从事大飞机航空电子系统研制的专家和学者，在航空电子领域有着突出的贡献、渊博的知识和丰富的实践经验，对于本系列丛书的内容确定和把关、大纲审定、样章完善等发挥了重要作用。

大型民用飞机的研制承载着中国几代航空人的梦想，制造出先进的国产大飞机已经成为每个航空人奋斗的目标。本系列丛书得到 2019 年国家出版基金的资助，充分体现了国家对"大飞机工程"的高度重视，希望该套图书的出版能够为国产大飞机的研制服务。衷心感谢每一位参与编著本系列图书的人员，以及所有直接或间接参与本丛书审校工作的专家学者和上海交通大学出版社的"大飞机出版工程"项目组，在大家的共同努力下，这套丛书终于呈现给读者。衷心希望本系列图书能切实有利于我国航空电子系统研发能力的提升，为国产大飞机的研制尽一份绵薄之力。

由于本丛书是国内第一套航空电子系列丛书，规模大、专业面广，作者的水平和实践经验有限，不妥之处在所难免，敬请读者批评指正！

民机先进航电系统及应用系列编委会

前　　言

驾驶舱不仅是飞机的结构分区,在工业界的概念中,它还具有飞机系统集成尤其是包含驾驶舱显示系统在内的航电系统集成的内涵。驾驶舱是根据飞行机组操作任务的需要,协调空管、机组、航空公司运控、地勤、机务等环节的配合关系,以充分提升飞机的运行能力为目标,将飞机系统功能、人机交互技术、人为因素学等领域一体融合后所形成的物理实体。在一定程度上,驾驶舱决定着一架飞机的技术特征和先进程度。

众所周知,民用飞机航电系统至少包括指示记录系统、通信系统、导航系统、机载信息系统、机载维护系统、核心处理系统。这里的指示记录系统似乎承担了绝大多数驾驶舱显示控制的工作。直观上,它一般由电子飞行仪表系统(electronic flight instrument system, EFIS)、发动机指示与机组告警系统(engine indication and crew alerting system, EICAS)、时钟、电子检查单(electronic checklist, ECL)、系统简图页、平视显示器(head up display, HUD)等组成。但这种概念多见于航空公司使用的飞行机组操作手册和维修手册中,只是一种名称的继承和使用惯例,并不纯粹也不能概括驾驶舱显示控制的实质。例如,EICAS 页面上不只有发动机参数指示,还包括燃油、起落架、高升力与配平等功能的指示。又如,EFIS 可能在其导航地图显示上为飞行员提供飞行计划的图形化编辑能力,而这又与飞行管理系统有着密切关系。因此,把这些系统简单地拆分是很难实现的,单独研究也将失去意义。

20 世纪 70 年代以前,在一架商用飞机驾驶舱中要安装近百个独立的机械仪表,每一个仪表基本上只能指示一种信息,信息间的关联性以及工作状态的判断只能依赖飞行员和机械师的人工监控和专业知识。当时的商用航空作为一种新兴的运输方式尚未进入普通民众的生活。航空公司的航线布局单一,机队规模较小,空域运行规则也非常简单,那时的驾驶舱设计尚可满足这类简单的运行要求。但是随着经济水平的提升,航空公司需要扩展航线并增加机队规模,这导致空中的飞机数量与日俱增,传统的空域运行模式和管制方式已难以适应商用航空的发展需要。一方面,为了提高空域运行效率,空中航路由点线模式发展到了网络模式;另一方面,航班密度的增加、飞行程序的改变

1

以及系统功能的扩展,对管制员监视和指挥空中交通带来了挑战,同时也增加了飞行机组成员监控飞机状态和保持良好情景意识的难度。20世纪80年代,随着电子和计算机技术的飞速发展,一种大量运用计算机和电子技术的新型驾驶舱——玻璃化驾驶舱应运而生,突破了航空系统发展的瓶颈。

玻璃化驾驶舱的出现代表着驾驶舱设计理念的改变,确切地说是在计算机和电子技术飞速发展的背后,伴随着新型人机交互系统的出现,人与机器的分工关系发生了彻底变革。这种变革直接把飞行员从原来繁重的体力和脑力劳动中解放出来,转变为飞行和机载系统的管理者,航空运输系统的协同方。在玻璃化驾驶舱内涵的基础上,工业界对驾驶舱显示系统逐渐形成共识,即驾驶舱显示系统是在实现玻璃化驾驶舱时为飞行机组提供的人机交互平台。

本书通过剖析玻璃化驾驶舱设计理念的内涵,以民用飞机运行特点的分析为背景,以使用需求为牵引,以系统一般开发过程为主线,在归纳和剖析主流机型设计特征的同时,结合近些年我国在民用飞机,尤其是航电系统自主研发方面的实践和经验总结,较为系统地介绍了驾驶舱显示系统的需求来源、功能组成、系统组成、系统构架、试验与评价、系统开发与集成、产品体系、专用技术,并对新技术做了一定的展望。

本书前言部分由周贵荣、许健执笔;第1章由周贵荣、许健、徐睿娜、陆伟敏执笔;第2章由周贵荣、许健、吴磊、张博、褚江萍、徐睿娜、何珂、陆伟敏、万梦茹、高毓玲、马少博、沐卫东执笔;第3章由李志云、张博、周卓、潘玉娥、施敏、毛以杲、章正斐、吕旭东执笔;第4章由李志云、范博书、顾瑞和、王力渊、郑翔、赵琦、黄伯达、王菡、高昕晟、李鹏、谢家琦执笔;第5章由徐睿娜、王小春、田绍宇、程静菲、张仟新、许凌志、郑可昕、邹怡静执笔。最后,全书由周贵荣统筹和审校。感谢各位为本书的编写所付出的努力。由于编制人员经验和学术水平有限,本书存在不足之处,敬请批评指正。

目录

1

民用飞机驾驶舱的发展历程

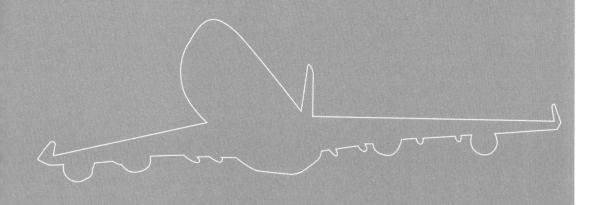

1.1 驾驶舱显示与控制设备及发展

1.1.1 机械仪表驾驶舱

一般认为,人类第一次有动力飞行发生于 1903 年 12 月 17 日。该飞机由莱特兄弟制造,命名为"飞行者1号",由奥维尔·莱特驾驶。飞行员处于卧姿,面向下。飞机上没有飞行仪表,仅凭直觉徒手驾驶飞机飞行。

20 世纪 20 年代中期,一些机械仪表陆续装备进飞机的驾驶舱,但尚未形成民用飞机行业的标准。图 1-1 所示的驾驶舱包括磁罗盘、气压高度表、油量表、油压表、时钟、转弯和侧滑指示器。可以看到,当时的飞机上还没有姿态、空速等仪表,也就是没有装备我们现在熟知的那些飞行仪表。

图 1-1　早期单座飞机驾驶舱中的仪表

(来源:https://ww2aircraft.net/forum/media/polikarpov-po-2-u-2-cockpit.27789/)

第二次世界大战对飞机在长航时、昼夜飞行以及恶劣气象条件下飞行提出了需求。为了应对新的使用环境以及大批量生产的需求,飞行仪表开始了新的技术变革。该阶段典型的型号是二战末期英国的汉德利·佩奇公司设计和制造的赫姆斯(Hermes)飞机,如图 1-2 所示。

图 1-2　赫姆斯飞机

（来源：https://aviation-safety.net/database/types/Handley-Page-Hermes/specs）

赫姆斯豪华型飞机是英国第一架拥有增压舱体的飞机，能够在对流层上飞行，为乘客提供了一种更加平稳的乘坐感受，其典型的航线是从伦敦飞至悉尼，能载 40 名乘客以及 5 名机组人员。其中，5 名机组人员分别是机长、副驾驶、领航员、飞行工程师和无线电台操作员。它集中了当时具有很高水平的各类仪表产品，如图 1-3 所示。

图 1-3　赫姆斯飞机上的仪表

［来源：https://commons.wikimedia.org/wiki/File：Handley_Page_Hermes_%E2%80%9CHORSA%E2%80%9D_cockpit_instrumentation_(3277010632).jpg］

当时飞机的典型驾驶舱布局如图 1-4 所示,采用了"基本 T 布局"机械式飞行仪表。该布局是最早形成的具有功能和布局标准的用于飞行指示的仪表布局,可满足交互实时性和直观性的要求,一般具有以下组成和布置。

图 1-4 采用"基本 T 布局"机械式飞行仪表的典型驾驶舱

(来源:https://commons.wikimedia.org/wiki/File:VC10FlightDeck.jpg)

(1) 陀螺地平仪,布置在飞行员视线前方。

(2) 空速表,布置在地平仪的左边。

(3) 气压高度表,布置在地平仪的右边。

(4) 领航仪,布置在地平仪的下边。

此外,还包括转弯和侧滑指示器、马赫数表、方位指示器和升降速率表等仪表,这些仪表均围绕"基本 T 布局",按照信息相关性临近布置。

"基本 T 布局"及其相关仪表的典型位置关系示意如图 1-5 所示。

陀螺地平仪一般包含一部双轴陀螺仪,用于驱动地平线和滚转刻度盘的机械装置,指示飞机相对于地面的俯仰和滚转角,其工作原理如图 1-6 所示。

图 1-5 "基本 T 布局"飞行仪表的典型位置关系示意

（来源：https://www.apritos.com4919penggolongan-instrument-pada-panel-instrument-pesawat-udara）

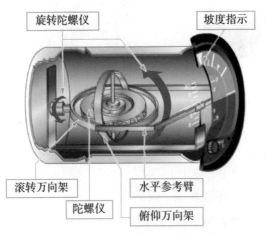

图 1-6 陀螺地平仪及其工作原理

（来源：https://en.wikipedia.org/wiki/Attitude_indicator）

陀螺地平仪内嵌一个姿态球,球表面的淡蓝色部分表示天空,暗褐色表示地面,并用固定在仪表盘中央的飞机符号指示飞机在惯性坐标系上的姿态。姿态球上印有俯仰刻度盘的标线,飞机符号与俯仰刻度盘标线相交处指示了飞机的俯仰姿态,同时,在仪表盘周围的滚转刻度盘上指针指示的刻度就是飞机的滚转角。后续又有一些新的仪表被整合到地平仪上,比如转弯和侧滑指示器,如图 1-7 所示。

图 1-7　内嵌了转弯和侧滑指示器的陀螺地平仪

[来源:https://www.amazon.com/Trintec-Instrument-Altimeter-Airspeed-Coasters/dp/B00JH5P8VA(左图);https://www.skymoscow.com/product-page/%D0%BE%D0%BD%D0%BB%D0%B0%D0%B9%D0%BD-%D0%BA%D1%83%D1%80%D1%81-%D0%BF%D0%B8%D0%BB%D0%BE%D1%82%D0%B0%D0%B6%D0%BD%D0%BE-%D0%BD%D0%B0%D0%B2%D0%B8%D0%B3%D0%B0%D1%86%D0%B8%D0%BE%D0%BD%D0%BD%D1%8B%D0%B5-%D0%BF%D1%80%D0%B8%D0%B1%D0%BE%D1%80%D1%8B(右图)]

根据操作任务的相关性,后续在地平仪上又叠加了飞行指引仪,如图 1-8所示。它由两个十字交叉的指引杆组成,指示飞机相对目标航迹线所需的横向和纵向导引指令。根据各飞行阶段的任务,飞行指引仪可接收相应地基导航设施的导航信号,典型的如自动定向仪(automatic direction finder,ADF)、甚高频全向定位仪(伏尔)(VHF omnidirectional range,VOR)和战术空中导航系统(塔康)(tactical air control and navigation,TACAN)。

早期的空速表和马赫数表、气压高度表和升降速率表直接利用大气压力工作,即直接使用来自空速管测量的动压和静压,其外观如图 1-9 和图 1-10 所示。膜盒压力传感器的形变被转换成计数器的数字变化或者指针相对于刻度盘的转动。在仪表内,膜盒外部是静压,内部是总压。

图1-8　内嵌了飞行指引仪的陀螺地平仪

（来源：https://www.skymoscow.com/product-page/%D0%BE%D0%BD%D0%BB%D0%B0%D0%B9%D0%BD-%D0%BA%D1%83%D1%80%D1%81-%D0%BF%D0%B8%D0%BB%D0%BE%D1%82%D0%B0%D0%B6%D0%BD%D0%BE-%D0%BD%D0%B0%D0%B2%D0%B8%D0%B3%D0%B0%D1%86%D0%B8%D0%BE%D0%BD%D0%BD%D1%8B%D0%B5-%D0%BF%D1%80%D0%B8%D0%B1%D0%BE%D1%80%D1%8B）

图1-9　空速表和马赫数表

〔来源：https://www.skymoscow.com/product-page/%D0%BE%D0%BD%D0%BB%D0%B0%D0%B9%D0%BD-%D0%BA%D1%83%D1%80%D1%81-%D0%BF%D0%B8%D0%BB%D0%BE%D1%82%D0%B0%D0%B6%D0%BD%D0%BE-%D0%BD%D0%B0%D0%B2%D0%B8%D0%B3%D0%B0%D1%86%D0%B8%D0%BE%D0%BD%D0%BD%D1%8B%D0%B5-%D0%BF%D1%80%D0%B8%D0%B1%D0%BE%D1%80%D1%8B（左图）；http://www.12charlie.com/Chapter_15/Chap15Page015.htm（右图）〕

图 1 - 10　气压高度表和升降速率表

(来源：https://www.skymoscow.com/product-page/%D0%BE%D0%BD%D0%BB%D0%B0%
D0%B9%D0%BD-%D0%BA%D1%83%D1%80%D1%81-%D0%BF%D0%B8%D0%BB%D0%BE%
D1%82%D0%B0%D0%B6%D0%BD%D0%BE-%D0%BD%D0%B0%D0%B2%D0%B8%D0%B3%
D0%B0%D1%86%D0%B8%D0%BE%D0%BD%D0%BD%D1%8B%D0%B5-%D0%BF%D1%80%
D0%B8%D0%B1%D0%BE%D1%80%D1%8B)

　　严格地说，测量空速还需要了解大气密度，但简单的机械仪表尚不能由已有的信息计算出这一数值，一般采用假设标准大气密度的方法。该仪表的设计也不考虑空气的压缩效应，这在空速低于 1 马赫数时是正确的，当时的螺旋桨飞机也不具备超声速飞行的能力。基于这些假设和考虑计算的空速称为校正空速。除了校正空速表之外，另一个常见的是马赫数表，它一般由一根警告杆指示最大安全马赫数。

　　领航仪则是一种既受领航员工作台控制又由航向陀螺驱动的组合仪表，领航员负责目标航向指针的控制。随着地基无线电导航的广泛应用，开始出现多功能组合成的罗盘设备，它一般配有一部磁罗盘或者陀螺驱动的航向指示器，并内嵌 ADF 指针和 VOR 指针等，如图 1 - 11 所示。

1.1.2　独立电子显示设备

　　由于军备竞赛的需要，冷战时期的新技术层出不穷，对航空技术有着深远影响的惯性导航技术、机载电子显示技术、卫星定位技术等相继涌现。为了能

图 1-11 罗 盘

够直观地集成更多信息，通过电子显示符号将多种先进传感器的数据综合在同一台设备中，形成具有完整功能的设备单元成为必然的选择。这种技术早期应用在战斗机上的阴极射线管（cathode ray tube，CRT）显示器，后来也逐步被民用飞机采用。

民用运输机上采用 CRT 技术显示飞行机组人员所需信息的研究工作始于 20 世纪 70 年代中期的英国。该研究工作由 BAE 系统公司牵头，GEC 公司（General Electric Apparatus Company）和史密斯工业公司参加。该项目由英国贸易与工业部（Department of Trade and Industry，DTI）资助，命名为先进民用飞机驾驶舱（advanced civil flight deck，ACFD）计划。

该项目首先在地面模拟器上安装了 6 台 CRT 显示器，每台有 6 in×4.5 in（宽高比为 4∶3）的可用显示面积。显示器为单色（黑底白字），以 625 行、25∶50 Hz 的隔行扫描视频（TV 标准）生成图像。

该研究工作通过飞行专家开展基于 CRT 显示技术的人为因素评价，包括符号外观、画面布局、显示亮度、驾驶舱照明环境等，并验证主飞行显示器

(primary flight display，PFD)和导航显示器(navigation display，ND)这两种独立电子显示设备在民用飞机上形成标准配置的可行性。

20 世纪 80 年代，ACFD 研究项目进入了试飞阶段。2 台显示器(PFD 和 ND)安装在 BAC 1‑11 验证机驾驶舱的机长一侧，如图 1‑12 所示。飞机由英国皇家航空航天研究院(Royal Aerospace Establishment，RAE)的试飞员驾驶。后来由于开发出了可适应民用空中运输环境、坚固耐用的彩色荫罩式 CRT，该项目则转而使用 6.25 in×6.25 in 的正方形彩色 CRT 显示器。该显示器综合了一些飞机系统的信息，于 1981 年春季装机首飞，并自同年秋季起在欧洲和美国进行了一系列扩展性的试验和试飞。在美国开展演示验证的过程中，该飞机访问了 9 个地方，邀请了来自飞机制造商、航空公司和研究机构的飞行员驾驶飞机，共计飞行了 34 架次(55 飞行小时)。大部分演示飞行是由具备航线飞行资质的飞行员驾驶，以开展更广泛的方案评估。大部分飞行员认为这种方案直观易用，并能快速适应这种配置 PFD 与 ND 的驾驶舱。

图 1‑12　BAC 1‑11 验证机驾驶舱

(来源：https://www.bahg.org.uk/images/1-11CockpitGround.jpg)

BAC 1 - 11 验证机的显示格式汲取了 ACFD 地面项目的经验,其显示内容逼真地反映出机械式仪表的外观,这为机械式仪表向新显示符号与格式的过渡打下了良好的技术基础。如图 1 - 12 所示,安装于机长一侧的彩色 CRT 显示器与另一侧的机械式仪表形成了鲜明的对比。

PFD 保留了由空速表、姿态表和气压高度表构成的"基本 T 布局",也保留了空速和高度的机械式仪表外观,但在地平线中心线邻近姿态球处增加了速度和高度的数字读数,使飞行员无须浏览整个显示器就可快速读取重要的飞行数据。除了模拟仪表"指针"的转动,以保持对速率信息的感知能力外,为使显示器生成的图像能够模拟机械式仪表中的"转鼓计数器"转动,研究人员花费大量时间开发和优化了这种数字符号的显示方式,使得在不同速率下,飞行员都可以快速读取数字。

ND 提供了两种显示格式。其中,罗盘格式与原有的机械罗盘近似;地图格式则可根据机载惯导系统的数据实时显示飞机当前位置和由航路点、导航台站标定的飞行计划。此外,地图格式能够以航向朝上、航迹朝上或北向朝上为显示基准,地图可视范围可手动调节。飞机当前位置显示在显示器的下半象限或中央。地图格式还可叠加气象雷达数据。在地图两侧下方显示了相对于计划路线的导航信息,包括航路点标识、方位、距离和到达时间。时至今日,地图显示格式已经广泛地应用在民用飞机上。

虽然 ACFD 项目和 BAC 1 - 11 验证机证明了使用并排布置 PFD 和 ND 及其显示信息综合的可行性,并使得这种格式日后成为业界标准,但当时的技术要在航空领域广泛应用仍需时日。因为一项技术的广泛应用:第一,必须完成在民用飞机工作环境下 CRT 显示器的长期、可靠、坚固、耐用性的验证工作;第二,飞行员也必须获得使用 CRT 显示器及新显示格式的经验。

1.1.3　综合电子显示设备

在民用飞机领域,为了降低飞行机组的工作负荷,减少驾驶舱内工作人员的数量,只有安装将多系统数据综合处理的显示设备才是解决问题的关键。

在飞行和导航信息综合的领域,综合电子显示设备最有发展潜力。波音公司最早于 20 世纪 80 年代初期完成了飞行管理系统(flight management system,FMS)的研发和验证工作,它不仅能融合惯性导航系统(inertial navigation system,INS)和卫星导航系统的数据,给出更加精确、可靠的定位,而且还具备飞行计划编辑和飞行性能预测与规划的能力,并将其转换为自动驾驶仪和自动油门的控制指令。为增强飞机产品的竞争力,波音公司率先在自己的产品谱系中寻求应用 FMS 以及随之配套的综合电子显示设备。

典型的综合电子显示设备如图 1 - 13 所示。在波音 737 - 300 飞机驾驶舱中,改进的电子姿态方向指示仪器(electronic attitude director indicator,EADI)和 ND 通过综合 FMS 和自动飞行的相关信息,使得波音 737 - 300 飞机不再需要配备专门的领航员,这一职责可完全由机长和副驾驶分担。

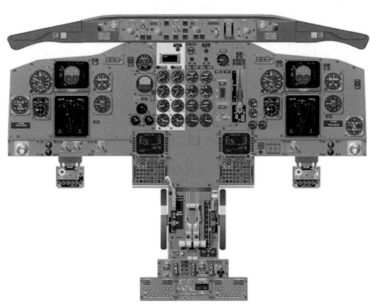

图 1 - 13　综合电子显示设备在波音 737 - 300 飞机上的应用

(来源:https://gchadwick.myportfolio.com/boeing-737-300400500-classic)

如图 1-14 所示，EADI 上的空速显示符号已经很难看到机械仪表的痕迹，其采用了更加直观的条带和读数窗来展示空速信息，还综合了失速速度、标牌速度以及自动飞行的空速目标、FMS 的绿点速度等信息，并在姿态指示区的上方提供了自动飞行模式通告牌（flight mode annunciation，FMA）。

ND 上除了基本的航向信息外，还可显示由 FMS 计算的飞机实时位置、飞行计划、地图背景、导航台站的选择、风向风速等数据。

图 1-14　波音 737-300 飞机上的 EADI 和 ND

（来源：http://www.b737.org.uk/flightinsts.htm）

1.2　计算机技术发展带来的人机交互技术革命

实践证明，按照任务相关性，安装多系统数据综合处理的显示设备能够有效简化飞行员的操作，降低飞行机组的工作负荷，减少驾驶舱内工作人员的数量，同时也能降低飞行员获得飞行执照的门槛。但这种改进只解决了单架飞机的操纵问题。如果着眼于航空公司对机队的管理、飞行员培训体系的管理,以及如何将各类飞机作为一个节点纳入国家或者地区空域系统中,则飞机运行能力急需进一步提高。同时,处于整个系统终端的用户,尤其是飞行员群体,如何使用具有一定标准化、通用性的人机交互系统也将成为新的问题。这一次,解决问题的钥匙是计算机技术。

1.2.1 以空客 A320 为标志的玻璃化驾驶舱

20 世纪 80 年代,预感到计算机技术将为驾驶舱带来革命性变化的空客公司,为了打破波音公司的市场垄断地位,在充分借鉴了军用飞机技术成果的基础之上,超前地将电传操纵(fly by wire,FBW)、电子仪表系统(electronic instrument system,EIS)、飞机电子中央监控(electronic centralized aircraft monitor,ECAM)系统引入到空客 A320 飞机的驾驶舱中。

空客 A320 于 1988 年 3 月投入运营,是第一架在驾驶舱内全面采用玻璃化驾驶舱理念的民用客机,如图 1-15 所示。

图 1-15 安装了 EIS 和 ECAM 的空客 A320 飞机驾驶舱

(来源:https://cockpitrevolution. ecwid. com/Airbus-A320-CEO-v1-CRT-Cockpit-Poster-Digital-Download-p107941639)

在空客 A320 飞机上,除了通信以外,空客公司将 EIS 作为整个驾驶舱飞行、导航、系统管理相关信息的显示平台,背后由显示管理计算机(display management computer,DMC)负责显示格式和显示布局的管理,即汇集到 EIS

的所有信息可以传送到相应操作区内的所有显示器上，而 DMC 将按照既定的策略负责分发和重构。

在空客 A320 的驾驶舱中，6 块 6.25 in×6.25 in CRT 显示器被分成三组，其中两组分别布置在左右座前视独占操作区（或称为飞行操作区），一组纵向布置在左右座的公共操作区（或称为系统操作区）。由于每组两块显示器的显示信息可以相互切换，因此可以达到单显示器故障时信息冗余备份的作用。

在如上所述的 EIS 架构下，空客 A320 飞机及空客后续机型均能实现单显示器故障签派，大大提高了飞机签派率。

在整个驾驶舱显示管理的层面上，空客 A320 飞机采用左右座分区管理显示格式的方式，并按照显示信息的重要程度制定了失效自动重构策略。当 DMC 探测到显示器故障时，能按照既定的策略自动切换显示信息。与此同时，在主仪表板的左右两侧分别为左右座飞行员提供了手动重构控制，实现了自动和手动双冗余操作。

功能更加集成的 PFD 和 ND 在飞行操作区，且 PFD 的功能优先级高于 ND。ECAM 保持在公共显示区，发动机与告警显示（engine/warning display，E/WD）高于系统显示（system display，SD）。空客后续型号在增加显示面积的同时，还扩展了多功能显示器（multiple function display，MFD），用于整合那些只需分时交互的显示信息，在 PFD、ND、ECAM 以外的其余显示空间上可循环调阅 MFD。

在每组显示信息的层面上，飞行操作区显示飞行和导航任务相关的 PFD 和 ND，并由各自一侧遮光罩上的 EFIS 控制板控制；系统操作区显示 ECAM 的 E/WD 和 SD，并由中央操纵台上的 ECAM 控制板（ECAM control panel，ECP）控制。

这种显示与控制的功能集成与布局设计充分考虑了飞行机组职责和分工的问题，即把杆飞行员（pilot flying，PF）负责飞行和导航，监控飞行员（pilot monitoring，PM）负责监控 PF 和系统管理，并且角色可以灵活切换。

在单个显示器的层面上，PFD 负责显示飞机战术性、短周期的信息，包括飞行任务相关的空速、姿态、航向航道、气压高度、升降速度等，还有自动飞行系统相关的飞行模式通告与飞行指引，以及仪表着陆系统相关的航向道和下滑道指示。这些信息按照任务相关性和人的视线扫描习惯以"基本 T 布局"排列在显示器上；ND 负责显示战略性、长周期的信息，包括导航任务相关的飞行计划、航道偏差、导航基础设施、气象、空中交通防撞、地形等指示。

除电传操纵技术以外，在商用飞机领域，空客 A320 开创性地将 ECAM 系统引入驾驶舱中。ECAM 主要负责对飞机状态进行监控，这里的飞机状态包括飞机工况条件和机载系统健康状态两个方面。ECAM 周期性探测预定义的飞机工况条件的系统失效条件，只要探测到这些情况，就将指示对应的工况边界提示、机组告警信息及与其关联的处置建议，这也是电子检查单（ECL）技术在商用飞机上的首次应用。

为了配合 ECAM 的正常操作程序和故障处置动作，并方便提供反馈信息，空客 A320 飞机不仅可以根据飞行场景自动切换 SD 的子页面，还可以根据告警消息的优先级自动推送 SD 中对应的子页面。

据公开的技术资料显示，以正常操作程序举例，ECAM 对飞行阶段的划分如图 1－16 所示。

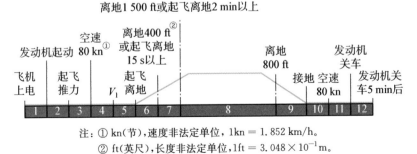

注：① kn（节），速度非法定单位，1kn = 1.852 km/h。
　　② ft（英尺），长度非法定单位，1ft = 3.048×10^{-1} m。

图 1－16　空客飞机 ECAM 的飞行阶段划分方法

飞行阶段划分的标志性事件包括飞机上电情况、发动机工作状态、空速、空地逻辑、高度、状态转换后的计时等。在此基础上,通过一系列系统工作状态的逻辑组合,空客飞机在自动识别出飞机所处的任务场景的同时,便能自动推送当前场景所需的相关信息。以 SD 在正常程序下的自动推送逻辑为例,如表1-1所示。

表1-1 空客飞机 SD 自动推送逻辑

任务场景	阶段划分事件	适用阶段编号	推送的 SD 子页面
飞机停在登机门处,且发动机未起动	发动机起动前	1	舱门页
从开始起动 APU 直到 APU 已完全起动	从 APU MASTER 开关接通到 APU 可用指示亮起 10 s 后,或 APU MASTER 开关关闭	1~12	APU 页
发动机起动时	从发动机起动开关选择"点火起动"到发动机起动成功,或至少有一台发动机运转	2	发动机页
从发动机起动后到设置起飞推力时	从滑出到设置起飞推力	2	机轮页
飞机在地面且任意侧杆和方向舵脚蹬被移动	飞控系统三向检查时	2	飞控页
从设置起飞推力到不低于 1 500 ft 高度上的收油门	从起飞到 1 500 ft 高度或第一次收油门(先到者有效)	3, 4, 5, 6, 7	发动机页
从巡航到起落架放下		8	巡航页
从起落架放下到发动机关车	起落架放下后直到最后一台发动机关车	9, 10, 11	机轮页
从发动机关车后的 5 min 内	最后一台发动机关车并计时 5 min 后	12	舱门页

ND 结合 FMS 可将导航任务相关的信息直观地显示在单个显示器内,ECAM 可将系统管理的任务智能化自动化,它们分别取代了领航员和机械师的工作职责,从而进一步减轻了驾驶舱内的工作负荷。以 EIS 为交互平台的

EFIS 和 ECAM 的应用,诠释了空客公司的玻璃化驾驶舱理念,使空客 A320 飞机成为商用飞机领域第一型实现双人制驾驶舱的飞机。

实际上空客 A320 飞机与同时代的波音 737 飞机最大的不同在于空客工程师通过预定义的计算机程序,在一定程度上限制了飞行员操纵飞机的边界。他们不再需要掌握高超的飞行技能,不再需要像工程师一样去理解飞机系统的工作原理,只要按照空客制定的飞行操作规则以及服务于这个规则的人机交互系统就能达到在驾驶舱内管理飞行的目的。由于飞行资质门槛的降低,空客飞机凭着其独到的技术路线、玻璃化驾驶舱的新理念和重新定义驾驶舱显示系统打开了市场。

当然,由于当时技术条件的限制,空客 A320 飞行员仍需要在一定程度上了解系统的内部构架细节,以便降低因可靠性因素带来的系统鲁棒性风险。例如,空客 A320 飞机上仍保留着显示系统计算机数据源切换以及导航模式与数据源切换等这类原本可以由机器自动完成的功能。

进入 21 世纪后,随着电子和计算机技术突飞猛进的发展,空客公司最新推出的两款宽体飞机,在沿袭了空客 A320 飞机设计理念和保持共通性的同时,进一步提高了系统自动化和显示控制集成化水平。

在空客 A380 上,空客公司首次实现了虚拟控制技术在商用飞机驾驶舱的大范围应用,如图 1 - 17 和图 1 - 18 所示。空客 A380 的驾驶舱显示系统被打造成近乎整个驾驶舱的人机交互平台,并进一步确立了 ARINC 661(简写为 A661)作为驾驶舱显示系统的构架和实现技术标准,使驾驶舱显示系统朝着通用化、模块化、可裁剪、易扩展的方向发展。其中最具代表性的是首次实现了 FMS、空中交通管制(air traffic control,ATC)数据链、监视系统应用与驾驶舱显示系统的深度融合,摒弃了 20 世纪 70 年代发展起来的多功能控制显示单元(multi-function control and display unit,MCDU)人机交互技术。

对于信息量大但任务实时性和操作频率较低的系统,通过制定驾驶舱内统一的图形用户界面(graphical user interface,GUI)交互规范及其相应的集成

图 1-17 空客 A380 飞机驾驶舱显示系统人机接口

（来源：https://wallpapersafari.com/w/VisyAE）

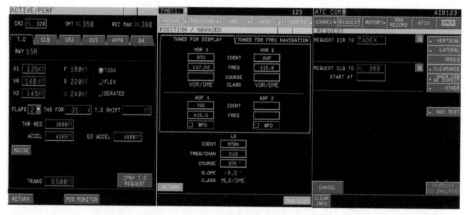

图 1-18 空客 A380 飞机 GUI 的应用示意

（来源：https://docplayer.net/42329727-Flight-deck-and-systems-briefing-for-pilots.html）

式控制器——键盘光标控制单元（keyboard cursor unit，KCCU），如图 1-19
所示，可实现人机交互虚拟化，并利用典型 GUI 控件引导飞行员操作。

以 GUI 为代表的虚拟控制技术使得显示与控制高度融合，既有利于提高
驾驶舱内系统交互行为的直观程度，保持通用和一致性，又能减轻系统功能扩
展和人机接口设备增加对驾驶舱空间带来的压力，还有利于提高系统冗余度可
靠性，更有利于简化培训、减轻工作负荷、缩短飞行机组执照改装时间、降低航

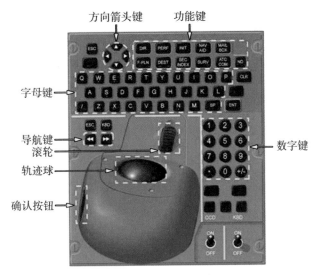

图 1 - 19　空客 A380 飞机 KCCU

（来源：https://aviation. stackexchange. com/questions/35612/
what-features-are-cursor-controlled-on-the-a380-navigation-display）

空公司的运营成本。

如图 1 - 20 所示，虽然空客公司在空客 A350XWB 上首次采用了大尺寸液晶显示器，但相对于空客 A380 飞机的显示面积并未有实际增加，只是将机载

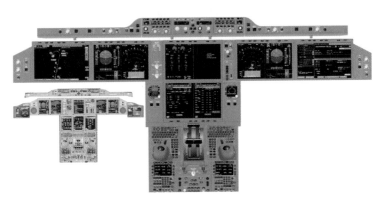

图 1 - 20　空客 A350XWB 飞机驾驶舱显示系统人机接口与
空客 A380 飞机的对比

［来源：https://cockpitrevolution. ecwid. com/Airbus-A350-Cockpit-Poster-
Digital-Download-p107941782（A350XWB）；https://cockpitrevolution. ecwid. com/
Airbus-A380-Cockpit-Poster-Digital-Download-p107941824（A380）］

信息系统(onboard information system，OIS)作为新的应用纳入驾驶舱显示系统(cockpit display system，CDS)的平台体系内。在一般情况下，最外侧的两块显示器供 OIS 显示其内容，但也可切换 MFD 和 EFIS。

1.2.2　以波音 787 为代表的平视交互驾驶舱设计特征

20 世纪 90 年代中期，波音公司以既有技术为基础，对波音 737 的 EFIS 大幅升级改造，推出了 737NG 飞机(见图 1 - 21)，同时，设计了具有全新自动化理念的波音 777 飞机驾驶舱，并推出了全新的波音 777 飞机(见图 1 - 22)，丰富了产品谱系。

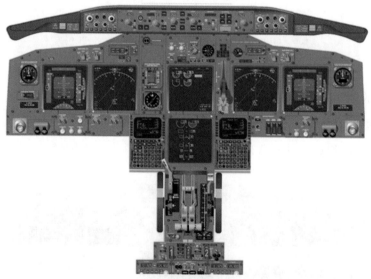

图 1 - 21　波音 737NG 飞机驾驶舱显示系统的人机接口

(来源：https://cockpitrevolution. ecwid. com/Boeing-737-NG-&-MAX-Cockpit-Posters-Printed-p107924074)

尤其在波音 777 飞机上，除了已经被业界广泛认可，且日臻成熟的 EFIS 外，波音公司还首次在自己的产品中应用了 EICAS、ECL、简图页及一体化设计。

图 1－22　波音 777 飞机驾驶舱显示系统的人机接口

（来源：https://cockpitrevolution. ecwid. com/Boeing-777-Cockpit-Poster-Digital-
Download-p108014483）

　　在波音 777 飞机上，EICAS 成为飞行机组履行系统管理职责的重要依据。
它根据失效影响分析的结果，将告警消息分为警告、警戒、提示、状态等不同重要
等级，并按照时间先后和告警等级进行队列式管理。由于 EICAS 能够显示告警
消息文本，因此它取代了一些专用的告警灯，这就简化了驾驶舱器件的安装布置，
提高了整个系统的可靠性。波音 777 飞机 EICAS 显示界面如图 1－23 所示。

图 1－23　波音 777 飞机 EICAS 显示界面

（来源：https://www. jetphotos. com/photo/93666）

波音 777 飞机的 ECL 是其一大设计亮点，也是其高度自动化设计理念的体现。ECL 程序可与 EICAS 告警消息关联，分为正常程序检查单、非正常检查单、无通告检查单（如应急放油、水上迫降）三个部分。其中，非正常检查单按 EICAS 的消息来排序并组织信息结构。每个检查单可能包含闭环项（自动感应项）和开环项（手动检查项），并为检查单项目提供重置、超控等操作，如所图 1 - 24 示。

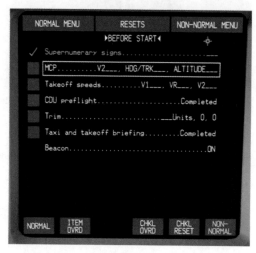

图 1 - 24　波音 777 飞机 ECL 界面

（来源：https://www.mutleyshangar.com/reviews/bc/t7/t7.htm）

实际上，从波音 777 飞机开始，波音和空客两家飞机制造商对实现飞机系统管理的设计理念已趋于一致。

当然，ECL 并不是签派必需项，因此驾驶舱仍需要配备纸质检查单作为备份。

为了体现人机界面友好性，ECL 需要以表单形式描述检查内容，并根据具体检查项目提示与之相适应的各类控制。为此，波音公司采用了在个人计算机（personal computer，PC）领域成熟起来的图形化虚拟控制技术，飞行员可通过安装在中央操纵台的两部光标控制设备（cursor control device，CCD）（见图 1 - 25）来控制光标的运动和选择，并实现与 GUI 的交互。因此，波音 777 飞机是第一型采用虚拟控制技术的宽体飞机，这在当时的驾驶舱中已经属于超前的设计了。

波音 777 飞机的一些设计特征一直延续到波音 787 飞机上,并在波音 787 飞机上得到了很大的提升。由于产品谱系发展的策略和所处的技术时代不同,波音公司并未像空客公司对待空客 A350XWB 和空客 A380 飞机那样"保守"地保持波音 787 与波音 777 飞机驾驶舱的高度共通性。尤其在驾驶舱显示系统上,波音 787 飞机采用了"永远向前看"、也称为"平视交互"的

图 1 - 25　波音 777 飞机使用的 CCD

(来源:https://geremy.co.uk/Boeing-777-Control-Cursor-Unit-CCU-FDS)

全新设计理念,突出了驾驶舱显示系统作为人机交互平台的地位,扩大了虚拟控制技术的使用范围,从而大幅提高了功能集成度和交互灵活性。

在波音 787 飞机上,波音公司几乎将 CDS 作为整个驾驶舱飞行、导航、通信、系统管理相关信息的人机交互平台。五块相同尺寸的大尺寸液晶显示器几乎充满了飞行员的前向视野,使所有信息都可以显示在飞行机组前向内视场。由于显示面积的扩大,波音 787 飞机更加注重信息内容的集成和布局优化,这使得简化驾驶舱的信息组织结构和操作流向成为可能。

以飞行员交互频率最高的 PFD 为例,波音 787 飞机的 PFD 提出了全新的设计理念——单屏带飞行员回家。除空速、高度、姿态、飞行指引、航向这些高实时性要求的传统信息外,本着降低飞行机组在终端区内工作负荷的设计目标,波音 787 飞机的 PFD 还扩展了水平状态指示器(horizontal situation indication, HSI)、航班号、通信频率、ATC 数据链等信息。HSI 几乎相当于一个小的 ND,但又不同于 ND,它可显示激活的飞行计划、综合监视和终端区上的必要导航信息。因此在 ND 不能及时显示时,HSI 能担负起 ND 的核心功能。航班号和通信频率在大型机场的终端区内使用频繁,而 ATC 数据链的交互实时性在终端区内要求很高,它们集成在紧邻 PFD 的辅助(auxiliary, AUX)

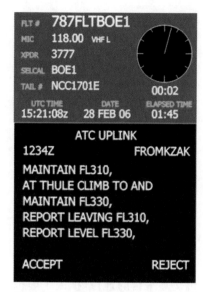

FLT #	787FLTBOE1	
MIC	118.00	VHF L
XPDR	3777	
SELCAL	BOE1	
TAIL #	NCC1701E	00:02
UTC TIME	DATE	ELAPSED TIME
15:21:08z	28 FEB 06	01:45

ATC UPLINK

1234Z   FROMKZAK

MAINTAIN FL310,
AT THULE CLIMB TO AND
MAINTAIN FL330,
REPORT LEAVING FL310,
REPORT LEVEL FL330,

ACCEPT   REJECT

图 1-26 波音 787 飞机 AUX 窗口

(来源:http://787efis.blogspot.com/2011/01/some-screenshots-from-current-dev.html)

窗口上(见图 1-26)。这些信息内容的集成能有效缩短飞行员视线扫描的距离,方便飞行员把注意力集中在前向最优视场内。

基于全新的 PFD 加 AUX 的设计,在继承了波音 777 飞机上 EICAS 的设计理念后,波音 787 飞机优化了驾驶舱内的信息组织结构,在主仪表板上提供更多显示空间的前提下,以 PFD 和 EICAS 来约束其他多功能分时信息的显示位置,这些信息包括 ND、FMS、数据链、ECL、系统简图页和其他用于未来升级扩展的信息。这些信息可通过 DSP 在指定的区域内切换,并可使用多功能键盘(multi-function keyboard,MFK)和 CCD 与 GUI 交互,如图 1-27 所示,从而实现了 CDS 的物理和虚拟双通道控制。这既能增加系统冗余度,又能提升交互手段的灵活性。

波音 787 是波音系列飞机首次实现了 GUI 在驾驶舱内的大范围应用。同样采用 A661 作为系统架构和实现技术标准的波音 787 飞机驾驶舱显示系统平台,也成功应用于后续开发的波音 737MAX 和波音 777X 飞机上。

在显示失效重构与管理方面,波音 787 飞机驾驶舱显示系统的亮点在于不仅可实现单显示器故障签派,而且在任意两个显示器故障时还能保持 PFD 和 EICAS 的显示位置与正常显示布局近似。这些特点在故障状态下对飞行员稳定飞机状态非常有利。

为了进一步突出平视交互的理念,波音 787 飞机还为左右座飞行员标配了 HUD,而非改装自其他商用货架产品(commercial off the shelf,COTS)。HUD 与 PFD 的显示格式高度近似,如图 1-28 所示。这使得飞行员在 HUD

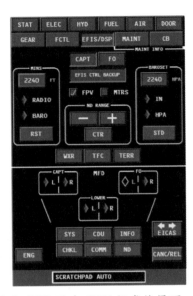

图 1－27　波音 787 飞机的 MFK 和 CCD 及由 GUI 组成的界面

（来源：https://www.youtube.com/watch? v＝vkEiZwOqSU4）

图 1－28　波音 787 飞机驾驶舱显示系统人机接口

（来源： https://cockpitrevolution. ecwid. com/Boeing-787-Cockpit-Poster-Digital-Download-p108014535）

与 PFD 之间切换视线时,信息获取的行为更加一致。在宽体飞机上标配 HUD,波音 787 飞机这一方式属业界首创。安装 HUD 也在一定程度上提高了飞机的低能见度运行能力,增强了产品竞争力。

1.3　未来驾驶舱设计的发展趋势

以湾流系列为代表的高端商务机驾驶舱设计一直引领着民用飞机驾驶舱的潮流和风尚。在其最新的湾流 G600 和湾流 G500 系列飞机中,湾流公司创新地将触控技术应用到驾驶舱显示系统中,并命名为 Symmetry Flight Deck™,如图 1-29 所示。

图 1-29　Symmetry Flight Deck™ 驾驶舱显示系统人机接口

(来源:https://kuaibao.qq.com/s/20200812A02VXS00? refer=spider_push)

Symmetry Flight Deck™ 同样是以驾驶舱显示系统平台化为设计理念，采用了基于电阻屏的单点触控技术。据公开信息报道，在波音公司最新的波音 777X 飞机上也采用了电阻屏的触控技术，但据称单屏可实现两点触控识别。

除 FMS、通信管理、数据链的虚拟控制等常见的应用领域外，Symmetry Flight Deck™ 采用的触控技术还被应用在了 ECL、简图页、部分机电系统控制的人机交互中，并实现了三者操作界面的融合设计，此为业界首创。

由于触控技术本质上仍属于虚拟控制技术的一种，它可将实时性要求低和不直接影响飞行安全的操作全部纳入适用于分时交互的虚拟控制界面中。一方面，这些显示界面可以比传统的指示灯、标识、物理器件提供更加直观和丰富的外观；另一方面，即使是单点按压触控操作，也可以根据按压的时间、力度、外观反馈以及配合通用物理控件（如多层旋钮）等途径，扩展飞行员的操作方法，实现更加自然的交互行为。因此，在代替大量传统物理控制器件和指示灯后，触控技术使得湾流 G600 和湾流 G500 飞机的驾驶舱显得非常"整洁"。湾流 G600 飞机驾驶舱内的一些触控操作场景如图 1-30 所示。

图 1-30　湾流 G600 飞机驾驶舱内的一些触控操作场景

（来源：https://www.youtube.com/watch? v=38ox-7MOESQ&app=desktop）

实际上,研究人员曾经通过人因工程学实验研究对比了光标和触控两种方式的交互效率。在日常和极端(如振动)环境下,以圆形小尺寸(小于 1 cm²)控件为交互目标,通过调整控制器位置以及光标位移的增益,光标控制可获得相对较高的精度,而触控则在交互快速性上具有明显优势。

相对传统机械操作,触控操作不仅能反馈更加丰富的系统信息,而且在升级改造时几乎无须更改设备硬件。由于触控操作是由软件驱动人机交互界面的生成,如果再结合一些描述场景的算法逻辑(如从跑道端头到离地后建立初始爬升的过程),驾驶舱显示系统就可按任务场景自动推送对应的操作界面。一方面,这种方式能够提取仅适用于当前场景下的操作,简化人机接口的表现形式和数量,减少飞行员不必要的注意力分配和降低误操作的概率;另一方面,相对于使用单个开关器件的传统机械操作,这种方式还能进一步丰富交互信息的表达方式,方便结构化地描述信息,丰富和完善人与机器的交流和沟通,增强人机对话过程中的情景意识,进一步增强驾驶舱的静暗属性,进而提供基于任务情景的沉浸式交互体验。

近年来,在消费类电子产品上,把支持多点触控的电容屏技术与手势识别技术相结合,已实现了手势触控。由于手势具有既自然又确定的使用意义,因此它在直观性上相对于其他交互技术具有无与伦比的技术优势。

触控手势一般包括单指单击、单指双击、单指单击并长按、单指拖拽、双指缩放、多指轻扫等,如表1-2所示。

表1-2 触控手势

操作行为		手势名称	使用情景举例
单指	○	单击(tap)	选择
	◎	双击(double tap)	聚焦后选择或聚焦处放大
	●	单击并长按(tap and hold)	扩展选项
	●→	拖拽(drag)	滚动翻页或平移

（续表）

操作行为		手势名称	使用情景举例
双指		缩放（spread/pinch）	放大、缩小
		拨动（thumb）	切换页面
多指		轻扫（flick）	切换显示应用

空客公司于 2019 年底对外宣称，其最新构型的空客 A350XWB 飞机驾驶舱内将应用可同时识别两个触点的手势触控技术，并在如图 1-31 所示的 OIS 交互过程中发挥作用。

图 1-31   空客 A350XWB 飞机驾驶舱内的一些触控操作场景

（来源：https://www. airbus. com/newsroom/press-releases/en/2019/12/airbus-begins-deliveries-of-first-a350s-with-touchscreen-cockpit-displays-option-to-customers. html）

2

驾驶舱显示系统设计

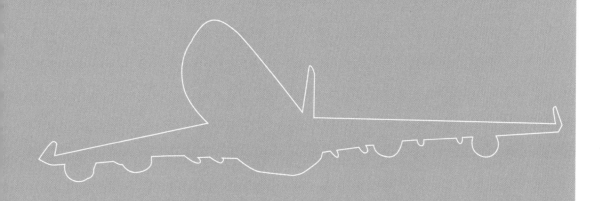

2.1　驾驶舱显示系统的需求来源

2.1.1　空域运行环境

2.1.1.1　空域的划分

空域是根据不同飞行需要,如飞行训练、军事作战、公共航空运输等目的而划分的一定范围的空中区域。通常,各国空域管理组织会对空域进行分类,以满足不同的用户对不同空域的使用需求,确保空域得到安全、合理、充分和有效的利用。

目前,我国的空域管理体制是由国务院、中央军委空中交通管制委员会(简称国家空管委)领导,由空军统一组织实施中国境内的飞行管制,民航各级空中交通服务单位和军航各级飞行管制部门各司其职,对航路内外的航空器提供管制服务。

按《中国民用航空空中交通管理规则》规定,我国的空域分为飞行情报区、管制空域、空中限制区、空中危险区、空中禁区、航路和航线。其中,民用航空器飞行主要涉及的空域类型包含管制空域、航路和航线。

航路是由国家统一划定的,具有一定宽度的空中通道(通常为航路中心线两侧各 10 km 的平行边界线以内的空域,根据导航性能的定位精度,也可调整其宽度),就好比地面上的公路。但不同的是,航路同时也有高度上的限制,其高度下限为最低高度层,上限与巡航高度层上限一致。

航线是指飞机飞行的路线,通常是从一个城市到另一个城市,可分为固定航线和临时航线。飞机飞行的航线都是在航路的基础上制定和规划的,四通八达的空中航路组成了庞大的空中交通网络,而飞机需要沿规划的航线、遵照一定的运行规则来飞,才能保证空中交通秩序和飞行安全。

管制空域是一个划定的区域空间,在其中飞行的航空器都要接受空中交通管制的服务。国际民用航空组织（International Civil Aviation Organization，ICAO）在其发布的标准中将交通服务空域划分为七类，即 A、B、C、D、E、F、G 类。由 A 类到 G 类的空域限制等级逐渐递减，逐步放松对目视飞行的限制。与 ICAO 的分类标准类似，根据空域内的航路结构和通信、民航、气象、监视能力，目前我国将管制空域划设分为 A、B、C、D 四类。

（1）A 类空域为高空管制空域。在我国境内标准大气压高度 6 000 m（含）以上的空间，划分为若干个高空管制空域，所有在此空域内飞行的航空器必须按照仪表飞行规则（instrument flight rules，IFR）飞行，并接受空中交通管制服务。

（2）B 类空域为中低空管制空域。在我国境内标准大气压高度 6 000 m（不含）以下，最低高度层以上的空间，划分为若干个中低空管制空域。在此空域内飞行的航空器可以按照仪表飞行规则飞行。如果符合目视飞行规则（visual flight rules，VFR）的条件，经飞行员申请，并经中低空管制室批准，则也可以按照目视飞行规则飞行，并接受空中交通管制服务。

（3）C 类空域为进近管制空域。通常是指在一个或几个机场附近的航路汇合处划设的便于进场和离场航空器飞行的管制空域。它是中低空管制空域与机场管制地带之间的连接部分，垂直范围通常在 6 000 m（含）以下最低高度层以上；水平范围通常为半径 50 km 或走廊进出口以内的除机场塔台管制范围以外的空间。在此空域内飞行的航空器，可以按照仪表飞行规则飞行，如果符合目视飞行规则的条件，经飞行员申请，并经进近管制室批准，则也可以按照目视飞行规则飞行，并接受空中交通管制服务。

（4）D 类空域为机场管制地带。通常包括起落航线、第一等待高度层（含）及其以下、地球表面以上的空间和机场机动区。在此空域内运行的航空器可以按照仪表飞行规则飞行。如果符合目视飞行规则条件，经飞行员申请，并经塔台管制员批准，则也可以按照目视飞行规则飞行，并接受空中交通管制服务。

此外，当航空器在 A、B、C、D 类空域内进行仪表飞行时，空中交通管制员应当根据仪表飞行规则的条件,配备垂直间隔、纵向间隔和侧向间隔,防止航空器与航空器、航空器与障碍物相撞。如果航空器在管制空域内进行目视飞行,则空中交通管制员应当根据目视飞行规则的条件配备间隔。如果同时有目视飞行和仪表飞行航空器飞行,那么目视飞行和仪表飞行的航空器之间的间隔按照仪表飞行的规定执行。

2.1.1.2 空域运行环境对驾驶舱显示系统的影响

为保证民用航空器飞行安全并提高运行效率,在运行方面,各国空中交通管理组织对于在其境内飞行的民用航空器的运行均有相关规章条款(如 CCAR -91 部)要求,包括性能限制、航行优先权和最低安全高度等在内的运行总体要求,以及通用机场、危险区、限制区、禁区、高空空域和缩小最小垂直间隔(reduced vertical separation minimum,RVSM)空域等不同空域内的运行要求,还有如目视规则下运行、仪表规则下运行或Ⅱ类、Ⅲ类运行等不同运行规则下的要求。在不同的空域内,这些运行要求综合起来形成了民用航空器的空域运行环境。

在 ICAO 的积极推动和各国空中交通管理组织的持续不懈努力下,各国空域管理工作的成效显著,但存在的问题也不容忽视,并在一定程度上限制了民航的运行和发展。从 1977 年至今,全球交通流量保持每 15 年翻倍的增量,并且这种增长趋势还将继续保持。航空运输的快速发展,造成空管和机场的超负荷运转,尤其在飞行繁忙地区机场空域和航路容量及保障能力的不足直接影响了航班的正常飞行,也给安全带来了巨大隐患。因此,未来的空域运行环境亟顺变革和突破。

无论在 ICAO 框架下,还是在各地区民航管理机构和航空工业的推动下,空域运行环境在未来 20 年内必将产生重大的变革。例如,以欧洲航空安全局(European Union Aviation Safety Agency,EASA)和空客公司为主导的欧洲单一天空空中交通管理研究计划(single European sky ATM research,SESAR),以美国联邦航空管理局(Federal Aviation Administration,FAA)和波音公司为主导的下一代空中交通管理系统（next generation air transportation system，NextGen），中国民用航空局（Civil Aviation Administration of China，CAAC）也提出了航空系统组块升级计划（aviation system block upgrade，ASBU）。

在各国的未来空域管理概念陆续出台后，航行新技术的概念也随之而生。所谓航行新技术，是指用于民用航空航行服务，支持一种或者多种新的运行概念和运行方式所使用的技术、设备、系统以及它们的集成。这些新技术的实现将支持运行新概念的整体实施，其实施框架如图 2-1 所示。

图 2-1 运行概念的实施框架

而驾驶舱显示系统，作为驾驶舱的人机交互平台，也是实现航行新技术的最直观表现方式，其主要功能包括为飞行员提供飞机当前的运行环境监视、运行状态信息、设备状态信息、航路信息以及在复杂气象条件和特殊情况下的告警能力。随着在空域运行环境下通信、导航、监视、空域管理规则、利益相关方的职责分配、基础设施、新技术、新工具等各方面的变革，不仅会对显示系统的功能组成产生直接的影响，同时也必将为驾驶舱显示系统及其交互方式的设计带来新的概念和更高的要求。因此，在民用飞机驾驶舱显示系统的设计中，应当充分考虑航空器的空域运行环境要求，按需进行系统功能设计或有前瞻性地预留相关功能的扩展能力和兼容性。同时，还应兼顾可能出现的人为因素导致设计面临的新问题和技术创新。

对于驾驶舱显示系统的需求来源，空域运行环境部分主要从以下几个方面考虑。

（1）功能设计需要满足当前空域运行环境要求。

（2）功能设计应充分考虑航行新技术的推行和未来空域管理的发展趋势，预留出相关功能的扩展能力和可兼容性。

（3）人机接口设计应考虑因未来空域管理的发展和航行新技术的推行带来的飞行机组职责、任务分配、操作程序，以及机组成员与自动化间的任务分工等方面的影响。

驾驶舱显示系统的功能设计，首先应当满足当前空域运行环境的要求，提供满足运行要求所必需的重要性能参数的显示、运算以及逻辑处理功能。当前的空域运行要求主要从运行的安全性出发，以满足飞行过程中的越障和航空器之间的防撞为基本目的。

以高度表拨正程序的运行要求为例，CAAC 的相关规章规定：如起飞和目的地机场规定了过渡高度和过渡高度层，则航空器在起飞前，应当将机场修正海平面气压（sea level atmosphere pressure，QNH）的数值或机场场面气压（field elevation atmospheric pressure，QFE）数值对正航空器上气压高度表的固定指标；上升到过渡高度时，应当将航空器上的气压高度表的气压刻度 1 013.2 hPa（标准海平面气压）对正固定指标。航空器着陆前，下降到过渡高度层时，应当将机场 QNH 数值或 QFE 数值对正航空器上气压高度表的固定指标。这一运行要求需要驾驶舱显示系统至少能够为飞行机组提供可调谐气压基准值的交互方式、快速切换 QNH/QFE 与标准水平面气压基准的交互方式、显示调谐后的气压基准数值的能力、显示修正后的当前气压高度的能力，以及具备相关的告警提示功能（如左右座飞行员输入气压基准数值不匹配）等。

此外，当驾驶民用航空器执行不同的运行规则，如Ⅱ类运行时，除飞行机组需持有民航局规定的相应等级运行许可资质外，地面设备及相关的机载设备也需要满足运行要求，这些机载设备的工作状态和故障告警指示均需由显示系统提供功能支持。例如,航向道和下滑道信号的显示能为飞行机组提供视觉和听觉信号的外指点标和中指点标,空速、高度、垂直速度和姿态方向的指示,飞行指引系统的指示,对于决断高度低于 45 m(150 ft)的Ⅱ类运行,还需要提供视觉和听觉信号的内指点标或者无线电高度指示等。而当仪表着陆系统(instrument landing system,ILS)信号、姿态方向或飞行指引系统的指示功能出现错误或设备故障时,显示系统还需要使飞行机组能够立即发现相关的告警信息。

因民用航空器的研发周期较长,特别是从新机型的研发至最终进入市场,通常以十年为单位。为避免出现刚推出的新机型就在技术上落后于同期其他竞争机型,甚至已经不能够符合当前空域运行环境要求的情况,在飞机研发的初期,设计者就应对航行新技术和未来空域管理发展趋势进行充分且精准的调研。

目前我国民航正在推行或未来将推行的航行新技术主要包括从传统陆基导航飞行模式到基于性能的导航(performance based navigation,PBN)的完全过渡,在所有适用机型上安装 HUD 以提升各类天气条件下的飞机运行能力,电子飞行包(electronic flight bag,EFB)的推广和扩展应用,自动相关监视(automatic dependent surveillance-broadcast,ADS‐B)技术,北斗导航系统的应用等。在 2014 年的马航 MH370 航班失联事件发生后,ICAO 对《国际民航公约》附件 6 第Ⅰ部分内容进行了修订,制定了例行航空器追踪规范,强制要求各航空运营人在 2018 年底前实现对其海洋区域运行的航空器,至少每 15 min通过自动报告功能对航空器的位置进行追踪。后续对于不正常航空器的追踪、遇险自主追踪以及飞行数据记录仪(flight data recorder,FDR)和驾驶舱语音记录仪(cockpit voice recorder,CVR)数据恢复也将逐步实施,而这些都必将成为我国民航新的运行要求。而作为驾驶舱人机交互平台的驾驶舱显示系统,其功能设计至少应能够满足这些航行新技术的要求,并对扩展和可兼容性需求充分预估。

　　在驾驶舱显示系统人机接口设计方面,以当前最受关注的基于轨迹的空域运行为例,这一技术概念不仅是欧美航空发达国家在其未来航空运输系统规划中的重要组成部分,同时也是我国 ASBU 中的重要一步。该运行技术的主要目标是实现未来空域运行中的任一时刻的任一管制决策都是基于飞机飞行全程的四维飞行轨迹。通过增强飞机的空中交通态势感知能力,实现飞机自选航路、灵活飞行的目的。在这一实施计划中,飞机自身(飞行员)将分担飞行间隔保持的责任,从而提高飞行效率、减少管制工作负荷。由此可见,未来这一概念的实施,将在一定程度上改变飞机机组本身在飞行任务中承担的职责,飞行员不仅仅是传统管制活动中的执行者,同时也承担了一部分管理者的任务。这一角色的改变,必将对飞行员的操作程序、操作任务带来变革,特别是针对飞行管理、综合监视、通信等方面的操作。传统的以应对 ATC 指令为主的交互方式,很可能被更加自动化、综合化的集监视、协调、计划与实施为一体的新型交互方式所取代。

　　综上所述,在民用飞机研制初期,应该全面开展关于各国未来空域运行环境的调研与分析,并综合各国未来空中管理系统的重要概念组成部分,各系统间的共同点与侧重点。可根据运行概念的实施框架图提取出适用的通信、导航、监视、空管等航行新技术,分析其对飞行机组职责、任务分配、操作程序以及机组成员与自动化间的任务分工等方面的影响,作为驾驶舱顶层设计理念与初步概念设计的重要输入之一,并为驾驶舱显示系统需求开发提供重要参考。

2.1.2　飞行机组操作任务与程序

　　飞机运行过程由所有任务场景按时序和逻辑组成。因此,场景就是一个个片段,它由开始条件触发,由结束条件完成。这些开始和结束条件对应着飞行机组操作任务(即使是自动化过程,也有监控任务)。每个场景内的操作任务不仅是为了结束当前的场景,而且为下一场景的开始做准备,它们的时序或逻辑就是操作程序。

场景的存在是为了完成某个阶段性任务,场景的发展受人的意图和系统状态变化驱动。它一般分为正常场景、异常场景、备用场景。

为识别和分析驾驶舱显示系统的使用场景,在研发的初始阶段就应尽可能完整地捕获使用需求。一方面,可针对航班运行的过程组织,研究航空公司运控、机务、空管和飞行机组各自的职责范围、信息交互渠道,梳理航班运行各相关方的协调配合关系;另一方面,可基于既有机型航电系统的功能配置,将飞行机组的操作任务映射到航电系统,特别是驾驶舱显示系统的交互任务上,将每个场景需实现的阶段任务转换成飞行机组对系统的控制和状态的监控,使任务描述具体化。通过流程图的绘制,将每个场景片段首(开始条件)尾(结束条件)相接,实现任务场景的结构化描述如图 2-2 所示。

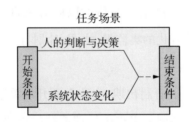

图 2-2 实现任务场景的结构化描述

此外,还需对正常场景中的每个要素列出一份问题检查单,包括系统状态、人的意图是否指向了结束条件。如果不能指向结束条件,也就是没有完成阶段性任务,则为异常场景;如果是能指向结束条件,但状态、意图偏离了正常设定,则为备用场景。这是识别异常场景、备用场景从而完整描述全任务场景的必要手段。

可以说,为了开展驾驶舱显示系统设计,首先要为飞行机组的操作任务确立执行的时间和空间。这需要根据场景流程图,识别切换场景的条件。飞行阶段一般是分析场景切换及其与飞行机组操作任务内在关系最好的标尺。

飞行阶段一般可划分为飞行计划准备、航前、发动机开车、滑出、起飞、爬升、巡航、下降、进近、着陆、滑入、发动机关车、航后、航班结束、地面服务等阶段。此外,还存在一些特殊场景,如中断起飞、复飞等。

对于交付的飞机产品,其操作程序的内容将包含一系列具体操纵器件的设置、显示读数的阈值等,描述是十分详细的。本书的目的不在于举例和罗列既有机型的程序内容,而在于提供一种程序设计的框架和方法,用于项目初期的需求捕获和分析工作。

在飞行准备阶段,飞行机组应检查飞机的状态,包括机载资源(燃油量、滑油量、液压油量等)、飞机外观、限制放行的机组告警消息和签派参考消息、重量重心,还有那些实际只在空中才能使用的系统(如风切变告警、失速抖杆、防冰等)。在检查驾驶舱内的控制和配置是否正确方面,包括在上电前,飞行机组应检查仅以电能作动的系统或者设备是否处于正确的状态、应急设备是否正确配置(逃生、氧气等)、气压基准设置、飞行仪表是否工作正常和指示正确、无线电通信是否正常使用。在客舱设置方面的检查包括客舱空调、灯光、禁烟、安全带等。

由于发动机起动后不应在短时间内关闭甚至重新起动,在起动发动机前,就应完成所有起飞和爬升阶段的准备工作,提前规划以便发现问题。因此,在准备推出和起动发动机前至少应设置或者检查 FMS 起飞性能计算、自动飞行系统起飞和爬升目标、全机舱门的状态,然后再申请放行。在推出前,飞行机组还应检查地面辅助设备和人员撤离的情况。

一般应在允许的区域内才能起动发动机,因此,在发动机起动和准备滑出前,应检查起动发动机所需的条件(如燃油供给、滑油温度等),并关闭正常飞行不使用的辅助系统(如 APU)。起动发动机后,随着液压能地提供,应检查飞行控制的俯仰、滚转、偏航舵面运动和机轮刹车,并设置襟缝翼到起飞卡位,为滑出和起飞阶段准备。

滑出阶段需要参考机场场面滑行图并获得滑行引导,控制滑行速度和转弯。从滑行道进入跑道后,航向对准跑道航向,并核对剩余跑道长度和FMS起飞性能数据。

由于起飞后并不能迅速返航,应仔细检查影响起飞的各种安全因素,如客舱是否安全、舱门是否关闭锁定、关键系统是否满足飞行要求。为了安全起飞,需检查与起飞相关的设置是否正确,如襟缝翼卡位、水平安定面配平位置等。同时,还需为中断起飞做好准备,如刹车模式设置、起飞安全速度显示等。在起飞前的加速滑行过程中,不仅要保持起飞推力和飞机轨迹,同时还需监控空速指示的变化。在达到抬轮速度后,控制俯仰姿态,建立一定的上升率,并检查相关指示,同时根据性能要求回收襟翼。

在爬升阶段,飞行机组需掌握飞机的净空越障情况和客舱增压情况,并按照预定的离场程序和导航性能要求进入航路。穿越过渡高度后应重新拨正气压基准到标准海压。

在下降前,应规划标准终端到达程序,预设目的地机场的气压基准,规划下降和着陆性能,规划、检查和处置影响继续进近和着陆的告警消息,并做好相关预案。下降过程中,在控制好飞行轨迹和下降率的同时,需监控客舱压力变化率,在穿越过渡高度层后拨正气压基准到目的地机场的修正海压,并根据性能要求逐步放出襟翼,按需预位地面扰流板。

在进近阶段,飞行机组应保持飞机沿着预设的进近程序和导航性能要求逐步建立对跑道的目视参考。还需保持与进近管制的沟通,也要为可能的复飞做好准备(如复飞航路和备降场)。

当能够建立稳定目视基准且下降到进场决断高度以下时,飞行机组应以着陆基准速度进场,并准备落地。落地后,应通过机轮刹车、地面扰流板、发动机反推实现迅速减速,并退出跑道。

滑入阶段需要参考机场场面滑行图并获得滑行引导,控制滑行速度和转弯,关闭可能对地面人员造成伤害的设备(如着陆灯、气象雷达),回收襟缝翼,直至滑入停机位。

在关闭发动机和开舱门下客前,应检查和关闭依赖发动机工作的系统,尤其是一些机械系统,以防重新上电后发生意外作动造成不必要的伤害。

关闭发动机后才可以开舱门下客。如果结束了当天的航班运营,则飞行机组离机时还应注意将不必要的耗电系统全部关闭或者切断(如应急照明),再关闭和锁定驾驶舱舱门。

2.1.3　人机交互概念

人机交互概念是从问题转化到具体设计需求的中间产物。对于复杂系统的研发,这个过程十分重要也很必要。对于安全性要求极高的民用飞机系统,其研发过程不仅要有完备的需求管理体系和工具,还需管控需求的推演过程,确保需求"上下握手"。因此,人机交互概念文档也是局方审定驾驶舱人为因素工作过程的最早技术文档。

从空域运行环境和飞行机组操作任务与程序的调研和分析,到人机交互技术、人机工效、培训体系与成本、技术经济性、运行等方面的考虑,再到对既有机型设计方案的参考,在捕获设计需求的过程中,将收集和识别出一系列的问题。此外,由于民用飞机的研发,尤其是新机型的研发周期较长,需要根据对技术发展趋势的判断,制定驾驶舱发展路线图作为设计和后续项目评审的依据。

驾驶舱发展路线图是以时间为坐标描绘的新驾驶舱的设计路线,其中不仅有对以前工作的继承,而且更重要的是体现驾驶舱未来的发展和演变。驾驶舱发展路线图的重要作用主要体现在如下几方面:

(1) 帮助设计人员识别潜在的新特征应用需求,并确定符合性方法。

(2) 当驾驶舱需要应用新特征时,帮助设计人员检查更改前后之间的一致性。

(3) 帮助评估驾驶舱与预期变化的运行环境之间的兼容性。

驾驶舱设计理念会影响人机交互概念的定义。例如,全时平视交互理念会要求飞行员能够一直获取等同于平视外视界的信息。在这种情况下就需要考虑采用语音控制作为手动控制的备份,或者使用增强现实技术实现更高级的虚拟控制。

在驾驶舱设计理念的指导下，以驾驶舱发展路线图为标尺，为把问题逐步转化为可供系统开发使用的需求，人机交互概念应定义飞行机组借助何种交互技术完成操作任务，一般应按飞行阶段描述，并考虑人与自动化系统之间的任务分配以及系统使用规则和使用限制。此外，还需考虑一些特别的任务场景（如长航程运行、紧急下降、水上迫降等）。

飞行机组成员和飞机系统之间的任务分配应当遵循适度的原则，即飞行员工作量和飞行员在环的信息量都保持在适当的程度。

保持飞行员在环依赖飞行员有效获取并高效处理信息的能力，应以直观的方式将充分的信息呈现给飞行员。飞行机组需获得的情景信息包括飞机与地形、其他飞机和导航参考点等之间的空间几何关系；本机的基本动力学参数，其当前状态（如空速、高度、姿态）和预测状态（如速度矢量）；环境状态（如气象）；其他参与者的意图（如空管人员的指令）；自动化系统的工作状态（如模式通告、失效告警和谁在控制飞机等）。

飞行员工作量用于衡量飞行员执行某一或某些任务且达到特定交互性能水平时所需付出的脑力和体力的劳累程度。驾驶现代飞机对飞行员身体条件有一定要求，但一般都在健康飞行员的能力范围内。因此，工作量通常是指飞行员在特定的时间限制下所承受的认知和身体压力。

通过如表 2-1 所示的检查单，可以定性判断飞行员工作负荷水平。

表 2-1　飞行员工作负荷水平定性评价检查单

飞行员工作负荷水平定性评价项目	是	否
(1) 基于当前的工作量水平，飞行员能否安全地完成更多任务		
(2) 当紧急任务出现时，飞行员能否完成该任务		
(3) 能否通过调整飞行员的姿态和位置来减少工作量		
(4) 能否通过修正飞行员的操作行为来减少工作量，如培训		

飞行员工作负荷水平定性评价项目	是	否
（5）综合权衡，姿态和位置调整以及行为修正是否产生了积极的效果		
（6）是否更改了通常由飞行机组执行的操作任务		
（7）是否引入了新的操作任务		
（8）需同时执行的任务数量是否偏多		

实际上，为方便数学建模，多数用于估算工作量绩效的分析工具都趋向于简化工作量的参数体系，分析工具的计算结果往往精确度和可靠性不够，所以其分析结果还需依赖分析人员的经验判断。例如，单纯从手臂和眼睛的移动距离看，采用自动化可以减少工作量；但如果自动化实施不当，那么实际就会增加飞行员的认知负担，并且增加发生意外认知错误的概率。反过来，电子检查单等明显有益于飞行安全的系统，某些工具的分析结果可能只说明它增加了飞行员工作量。

复杂人机交互系统设计需要大量的专业知识和丰富的工程经验。为完成人机交互概念设计工作，应由多个系统领域专家根据飞行阶段完成使用场景及在该场景内操作任务的定义。使用场景需考虑不同飞行阶段下可能出现的正常和非正常情况（包括失效）。在交互概念的定义和确认（如飞行专家和人为因素专家的评审）中，使用桌面仿真的原型机和驾驶舱模拟器能够提升逼真度和置信度。

人机交互概念设计的工作不可能一蹴而就，它随着系统开发过程迭代。

2.1.4　人为因素

本书不是为了讲解人为因素理论，而是就驾驶舱显示系统设计提供一种应用人为因素理论的思路。

除了人体测量学外，如果要考虑其他方面的人为因素，那么就离不开在特定场景下对操作任务以及系统行为的分析,若脱离了这个基础,人为因素的设计和考虑则将成为无源之水。

人体测量学的数据可从相关国际标准中获取(如 ISO/TR 7250 - 2)。它本质上属于统计学的范畴。设计时考虑飞行员为完成某操作任务所需的位置和操作姿态,并评价操作的便捷和舒适程度,属于人体工程学设计工作。

要把人为因素理论应用到驾驶舱设计中,我们就要了解飞机的使用场景、飞行机组操作任务、系统功能和架构等多方面的信息,只有这样才能在设计过程中有针对性地分析人的认知、心理、负荷、绩效、人为差错。

2.2 驾驶舱显示系统的功能组成

2.2.1 显示分配与管理

本书讨论的显示分配与管理只适用于双人驾驶舱体制。显示分配与管理本质上是考虑飞行机组之间的职责分工和配合,研判驾驶舱显示信息的空间位置、相对位置、功能分配以及信息失效重构方面的设计问题。尤其是大尺寸显示器在驾驶舱内的应用,既有优势也面临挑战。

驾驶舱显示系统是飞行机组获取信息的首要来源。在新一代机型中广泛使用的大尺寸显示器为人机交互系统的设计带来了诸多便利。

(1) 进一步提高了信息集成度,有利于减轻工作负荷。

(2) 信息的管理更简单、灵活,有利于优化信息的组织和任务流向。

(3) 方便应用虚拟控制技术,在显示与虚拟控制功能融为一体后,使得交互过程更加直观。

但是,大尺寸显示器的应用需要解决好以下 3 个问题,才能体现出它的技术优势。

(1) 如何根据操作任务的特性合理组织信息。

（2）如何根据飞行机组的职责分配和人机工程学要求，选择合适的显示器尺寸并布局。

（3）由于集成度高，驾驶舱在发生显示器故障时更容易诱发显示信息的共模失效。如何选择显示管理策略，使得重构后的信息组织形式仍能满足机组任务的需要。

以上 3 个问题相互关联，并最终影响显示管理性能。

如前所述，在航前和航后阶段，飞行机组的角色分为机长与副驾驶，但在飞行期间则转换为 PF 和 PM，且可相互交换，但机长具有最终决策权和执行权。PF 的职责是控制滑行、飞行与导航，PM 的职责是系统管理、通信与协调、执行 PF 交办的任务、监控滑行与飞行。其中，系统管理包括机载系统工作构型的控制、状态监控与故障处置、阅读检查单。

显示分配是驾驶舱显示系统设计的出发点，也是重点之一，它包括空间和时间两个维度，由它们反映的信息流向对人管理操作任务的性能有着重要影响。根据各种任务场景下的人机工程学要求（如人的姿态和视场是否符合交互频度和实时性的要求），既需要确定显示信息的空间范围，又需要确定持续时长（如分时或者常显示）。这两者往往密不可分，需要常显示的信息一般应分配到人机工程学所定义的最优空间上，分时显示的信息则次之。

服务于飞行机组四大职责的最主要信息一般包括以下几个集合：

（1）PFD 主要服务于飞行职责。

（2）ND 主要服务于导航职责。

（3）发动机与驾驶舱告警显示（engine and flight deck alerting display，ED）的系统监控与告警功能主要服务于系统管理职责。此外，发动机推力和气动构型信息、相关的操作告警及其解释则服务于飞行职责。

除了调谐通信频率和数据链的上下行消息管理的操作，通信职责当前主要体现在语音通话上，且通信系统的产品相对经典和独立。因此，其不一定需要依赖驾驶舱显示系统实现人机交互。

PFD 一般集成了众多短周期、动态性强的飞行信息(如空速、姿态、自动飞行模式通告、交通与地形规避导引等),这些信息在起飞、进近、着陆等高任务负荷的飞行阶段上直接影响飞机的操纵安全性。因此,应方便飞行机组能以最快捷的方式获取。典型的 PFD,如"基本 T 布局"信息布置在飞行员主视场(primary field of view, PFOV)内的要求。

ED 中的发动机推力和气动构型与飞行密切相关。在起飞和爬升等需要快速获得净空和捕获高度层的飞行阶段上,推力以及维系推力的发动机工作状态是决定飞行安全的重要信息。此外,集中化的机组告警信息与系统管理相关,在机载系统发生故障或操作行为激活边界条件时,触发的告警信息需要飞行机组立即知晓。从飞行和系统管理职责所对应的任务要求上讲,ED 中的信息既要有实时性要求,又要能方便飞行机组成员同时观察和讨论,促进他们对系统状态理解的一致性,从而有利于机长做出合理决策。

ND 一般集成了飞行计划、导航数据库、空中交通态势、气象和地形等与飞行轨迹相关的信息。虽然可根据目标相对飞机本体距离的远近区分任务实时性,但民用飞机须在空管体制下按照既定的飞行计划运行。除了在终端区操作任务的实时性要求较高外,本质上,导航任务是一个计划性很强的连续稳定过程,相对于 PFD 和 ED 在动态实时性和飞行安全方面的严格程度,ND 具备分时显示的条件。尤其在采用大尺寸显示器将小范围的导航信息(如类似波音787 飞机的 HSI)与 PFD 集成的情况下更是如此。

目前,FMS、综合监视系统(integrated surveillance system,ISS)、数据链(data link,DLK)、无线电调谐、ECL、电子断路器(electronic circuit breaker,ECB)等众多功能已经实现了与驾驶舱显示系统的集成。这些功能并不直接关系到飞行安全,虽然使用频度有所差别,但在任务实时性和安全性要求上处于同等水平,因此它们也具备分时显示的条件。

综合任务需求与职责分配以及相关工业标准中的人机工程学要求,现代民用飞机的显示分配和飞行机组工作区的对应关系如图 2-3 所示。

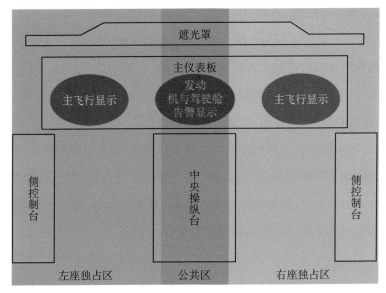

图 2-3　显示分配和飞行机组工作区的对应关系

在上述约束下,不仅需要权衡显示器尺寸和数量,而且要考虑窗口划分的方法。其目的,一方面,除了像 PFD 和 ED 需要常显示的信息外,还能在独占区内额外增加显示窗口数量,便于同时显示更多的关联任务信息;另一方面,当有故障需要重构显示时仍可满足签派要求。

显示管理策略不仅要以前述显示分配的原则为基础,其重构后的显示信息布局应有利于维持既有或交换后的职责分配,而且仍应保持正常的任务流向,以降低失效所带来的额外工作负荷。因此,当发生显示器失效时,显示管理策略应考虑以下方面:

(1) 应尽量保持正常显示格式,维持飞行机组的信息观察流向。这里包括窗口尺寸、窗口内的信息布局,以及 PFD 和 ED 这些重要信息的相对位置关系。

(2) 根据操作任务在空间和时间上的优先级确定对应信息的重构优先级。

(3) PFD 应尽量靠近两侧的独占区,并尽可能靠近飞行员的 PFOV。

(4) ED 应尽可能靠近中间的公共区,并尽可能靠近飞行机组的 PFOV,尤其是 PF 一侧的 PFOV。

（5）在具备稳定飞行的条件下，才可以考虑压缩 PFD 和 ED 窗口，为分时显示的信息释放窗口资源。

综上所述，显示管理的性能具体与以下几方面的要素有关：正常操作流向的保持；压缩格式；重构操作；职责分配的一致性。

其中，压缩格式是一种非常见的信息布局策略，由于空间和尺寸的变化，它容易导致认知负荷的增加。如果需要手动操作重构逻辑，那么会增加工作负荷。此外，当故障导致需要转换机组职责时，重构后的显示布局与职责是否保持一致也将显著影响机组之间的协调和配合。

2.2.2　图形化用户接口

20 世纪 80 年代初，美国苹果公司率先推出了 Lisa 系统和 Macintosh 系统。它们是最早能够提供 GUI 并配有鼠标控制器的个人电脑操作系统（其中 Lisa 系统的 GUI 见图 2-4），利用了图形化界面代替文本界面是最具革命性的创新。操作电脑的人不再需要记住文本式的系统操作命令集，而只需通过图形化控件（如窗口、下拉菜单、按钮等）直观地引导操作，从而更加简化和方便地实现人们所需的操作结果。这都大大降低了人们使用电脑的门槛。

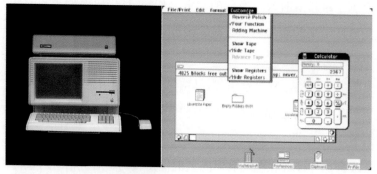

图 2-4　Lisa Ⅱ 电脑与 Lisa 系统的 GUI

（来源：https://present5.com/presentation/ba94bcd64454c9b463050068e63ab690/image-9.jpg）

　　确切地说,这类操作系统及其所支持的人机接口是在重新思考和定位了人与机器的分工关系后才被设计和实现出来的。

　　在航空领域,以 GUI 为基础的虚拟控制技术同样有着重要作用。虚拟控制技术使得显示与控制高度融合,这样既有利于提高驾驶舱内系统交互行为的直观程度,保持通用和一致性,又能减轻系统功能扩展和人机接口设备增加对驾驶舱空间带来的压力,还有利于提高系统冗余度可靠性,更有利于简化培训,减轻工作负荷,缩短飞行机组执照改装时间。

　　GUI 一般包含四类控件,包括光标、容器类控件、交互类控件以及非交互控件。

　　光标是与其他 GUI 控件交互的最主要手段,一般是通过轨迹球或者触摸板控制光标位置的连续移动。左右座的光标外观应有明显区别。由于操作灵活性和系统冗余度的要求,最好为每侧的飞行员都提供至少两种控制光标的设备。在一些有特定操作顺序要求的页面上,最好为飞行员提供光标按序自动聚焦的功能。这种设计在一定程度上能够减轻飞行员的工作负荷。

　　从外观上来说,容器类控件就好比交互控件的背景。它能够让一组交互类控件同时显示和消失,如对话框。

　　当光标选择交互类控件时,它们能触发特定的功能或者界面外观的变化,如按钮、编辑框、单选框、复选框等。

　　在驾驶舱内应用 GUI 设计时,主要有以下几个准则:

　　(1) 虚拟控制交互的效率应高于硬控制手段。

　　(2) 使用简洁直观的 GUI 元素。

　　(3) 交互方法固定且常见,并可预见。

　　(4) 尽量避免飞行员依赖记忆的操作。

　　(5) 应有差错管理能力,确保飞行员在差错发生时有足够的情景意识。

　　(6) 由 GUI 构成的页面,其信息组织方式遵从人们浏览信息的自然习惯,即从左上角逐行阅读直至右下角。

当触控技术引入驾驶舱后,将在现有 GUI 控件的基础上,根据触控交互行为新增一些 GUI 控件。这些控件将随触控技术,特别是手势触控技术一起丰富驾驶舱的操作方法。

2.2.3　电子飞行指示

2.2.3.1　主飞行显示器

主飞行显示器(PFD)是驾驶舱机组成员与飞机各系统间重要的人机接口之一。在采用多功能显示器作为主要信息显示媒介的现代玻璃化驾驶舱中,PFD 画面多以动态的彩色画面形式为机组成员提供完成飞行任务所必需的主要飞行信息。与传统的机械式飞行仪表(如早期的地平仪、空速表和高度表等)相比,画面形式的 PFD 可以使信息高度集成化,优化功能分配与管理,便于机组成员快速有效地撷取信息。

PFD 画面的设计应符合驾驶舱的顶层设计理念,主要包括信息表达、色彩定义、信息管理、交互逻辑及失效/错误的备份管理等方面。同时,PFD 画面的设计还应考虑驾驶舱内功能分配的总体原则,服务于机组成员在执行战术飞行时的人机交互需求,尤其在起飞、进近、着陆等任务量相对较大的关键飞行阶段。在飞行中,机组成员需要明确区分任务的战术性和战略性。任务的不同性质将会影响其在驾驶舱中的功能分配。战略性任务,多指为完成飞行过程的中长期目标而进行的相关操作及指令,如飞行任务的计划与管理等;而战术性任务,多指为完成短期飞行目标而进行的操作及指令,如手动驾驶飞机时的相关操作。在 PFD 画面上显示的战术性信息应主要包括飞行动力学信息(速度、姿态、高度等)、罗盘方位指示信息、飞行模式通告信息、与飞行相关的重要告警信息等。

详细的 PFD 画面设计可从显示格式与布局和显示功能两方面考虑。

1) 显示格式布局

PFD 画面的显示格式与布局设计应遵循"基本 T 布局"如图 2-5～图

图 2-5　早期仪表式驾驶舱主飞行信息布局图

（来源：http://attachment. sinofsx. com/forum/201303/20/ 233551kpvnmv5k5v4vn82x. jpg）

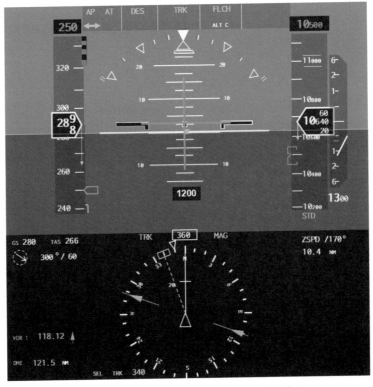

图 2-6　PFD 画面的"基本 T 布局"样例

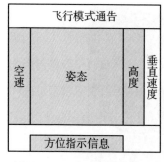

飞行模式通告		

（图2-7布局：左"空速"、中"姿态"、右"高度"和"垂直速度"，下"方位指示信息"）

图 2-7 通用的"基本 T 布局"要求

2-7所示,即在驾驶舱设计中最通用的"左空速、右高度、上姿态、下航向"布局方式。这一布局方式既考虑到不同显示功能的分区,同时又延续了早期仪表式驾驶舱内的主飞行信息布局传统。此外,各功能窗口具体的尺寸确定应综合考虑驾驶舱的三维布局、设计眼位的确定及显示器尺寸等因素,并结合飞行机组在起飞、中断起飞（reject take-off,RTO）、进近、着陆过程中的内外视场及操作视线要求。

飞行机组的主视场范围是根据驾驶舱内的设计眼位,在机组成员对准设计眼位后,只需眼动而非头部运动,所能获取的最佳视场范围。

设计眼位是以飞机结构（驾驶舱座椅参考点）为基准的固定点。当座椅调整到正常位置,飞行员眼睛应当处的位置。设计眼位是重要的空间参考点,用于布置驾驶舱显示、控制和外视界。

人体正常状态下的平视视线为低于水平面15°方向,此时,最佳的视场范围为−15°±15°,即从水平面方向到水平面下的30°范围内为纵向最佳视场范围,如图2-8所示。而横向最佳视场范围如图2-9所示,是正前方0°±15°,即从机组成员设计眼位正前方偏左15°到前方偏右15°范围内均为最佳横向视场范围。PFD画面中可能出现的重要告警信息,如风切变告警、氧气面罩告警、地形告警以及其他需要飞行员立即做出处理操作的时间关键性告警指示,均应排布于机组成员的主视场范围内。

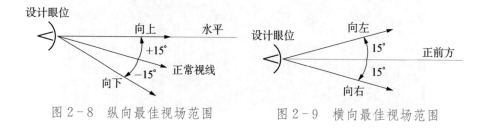

图 2-8 纵向最佳视场范围   图 2-9 横向最佳视场范围

最大的视场范围是在机组成员对准设计眼位后,只需眼动而非头部运动,就可以看清的最大区域范围。纵向最大视场范围为从水平面向上25°到水平面向下35°,如图2-10所示。而横向最大视场范围如图2-11所示,是正前方0°±35°,即从机组成员设计眼位正前方偏左35°到偏右35°的范围内。PFD画面中重要的飞行信息,如空速、高度、姿态等均应至少排布在机组成员的最大视场范围内。

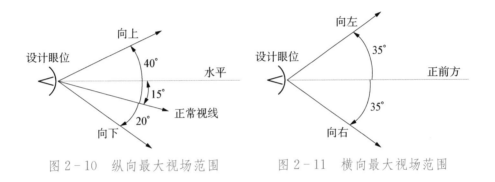

图2-10　纵向最大视场范围　　　　　图2-11　横向最大视场范围

(1) 功能分区。

在现代驾驶舱中,大屏幕液晶显示器的运用越来越普遍,信息的体现方式也逐渐向高度集成化转变,显示信息的功能分区性设计愈加明显和重要。明确的功能分区有利于机组成员快速撷取信息,各功能分区之间应保留足够的空间,使不同分区内的信息具有更好的可识别性。

在PFD画面中,空速、高度、姿态和航向是最基本的四大功能分区。但实际设计中,除了这四个基本功能分区外,PFD画面至少还应包含飞行模式通告信息、垂直速度信息、垂直/水平偏差指示及与空中交通警告与防撞系统(traffic alert and collision avoidance system,TCAS)、地形防撞警告系统(terrain avoidance warning system,TAWS)等综合监视相关的信息指示等。

"基本T布局"限定了四个基本功能分区的相对位置,而其余的显示信息在布局时也应结合"基本T布局"来设计。例如,与高度有关联性的垂直速度信息和垂直偏差等指示,应尽量排布在高度功能窗口附近,便于机组成员在短时间内有效地获取与高度相关的同类飞行信息;飞行模式通告中速度/推力子模式可考虑排布在左侧,更接近空速功能分区的位置,同样地,垂直引导模式可布置在右侧,更靠近高度功能分区。

（2）显示功能的定义及设计。

PFD画面中的显示元素较多且功能种类也较为复杂,因此在定义显示功能时,为避免遗漏重要的显示元素或功能,建议应以功能窗口为单位,定义出每个显示窗口中的所有显示元素。而后,针对每一显示元素,可参考以下几方面来进行具体的显示功能定义以确保功能的完整性与可行性。

a. 有效格式:定义显示信息为数字、字符或数字与字符的组合。数字读数还需明确由几位有效数字组成,精确到小数点后几位;如显示信息为符号,则需详细定义符号的外观尺寸等。有效格式或外观的设计应利于飞行员在正常工作位置上以正常的工作状态操纵飞机时对信息的感知与理解。在同一驾驶舱内显示的同类信息应保持一致,如缩写字符、文本格式等。如果同类信息的显示格式或外观不同,则需由人为因素团队评估以确保其不会引起飞行员对信息的错误解读,且不会对系统的功能实现带来负面影响。数字读数的显示精确度应满足预期的系统功能设计且符合相关的数据精确度。符号外观应简洁,尺寸大小合适,便于飞行员观察且不会过度分散注意力或遮挡其他信息显示。

b. 单位:主要针对读数类信息,明确定义其数值单位。对于不会引起歧义的读数类信息,可不显示对应数值单位。

c. 开机默认值:定义当显示系统上电时,PFD画面中各显示元素的默认显示方式,如开机不显示或显示上次关机时的有效数值。

d. 有效显示范围:读数类信息,定义其有效的显示数值范围;符号类信息,定义其有效的显示区域范围。有效显示数值范围的设计应满足系统预期的功能需求,且符合数据精确度的要求。

e. 色彩:定义显示元素在正常及非正常情况下的色彩。显示元素与背景色的视觉对比应易于飞行员对信息的获取、识别和区分,且不会引起飞行员的视觉生理疲劳感。PFD画面上各显示元素色彩的选择，应遵循飞机级总体设计理念及驾驶舱内统一的颜色使用要求，保证驾驶舱内部各显示画面间的色彩定义方法协调一致。

f. 适用/抑制阶段：定义显示信息的适用及被抑制飞行阶段，包括特殊情景下的显示抑制。适用/抑制阶段的设计应考虑所显示信息服务于飞行员在执行战术飞行时的人机交互需求，并考虑自动或手动的画面防拥方式，针对每一显示元素制定合理的适用/抑制飞行阶段或条件。

g. 失效/错误指示：定义当驱动数据丢失或出现不符合有效格式要求、超过功能范围等错误情况下的显示方法，可能的显示方法包括移除相关显示信息、显示告警旗等。失效/错误指示的设计应遵循飞机级总体告警理念及驾驶舱内统一的告警要求，根据失效/错误的告警级别选择适当的提示方式。此外，还应考虑在特殊情况下失效/错误指示可能对飞行员的心理和意识带来的不利影响。

h. 运动行为：对于符号类信息，定义符号的运动行为以及到达显示区域范围边界时的显示方法，如选择空速游标沿空速带右边缘在垂直方向运动，到达空速带边缘时停留在边缘，且只保留一半的符号可见。对于读数类信息，可定义在特殊情景下的显示变化方式，如读数闪烁、增加读数边框的显示等。符号的运动应连贯流畅，不应出现模糊或闪烁不定的显示或非预期的动态效果，以避免影响飞行员的正常操作，如分散飞行员的注意力或令飞行员对信息产生错误解读。

(3) PFD画面压缩下的显示分配管理。

考虑到机组资源配置及其对应的职责，每位机组成员的操作职责主要集中在其各自工作区域内的显示及控制设备。因此，当出现显示器故障等特殊情况时，在驾驶舱内统一的显示分配管理原则下，显示系统需具备自动或手动的显示重构功能，PFD画面也很可能会出现半屏、压缩等多种非正常情况下的画面格式。

如需要在非正常情况下使用半屏或压缩格式的PFD画面，设计中应尽量避免在不同画面格式间切换时改变字号、字体、符号尺寸、显示信息表达方式及各功能分区的相对位置等,以减轻在特殊情况下机组成员的额外工作负担和心理压力,降低可能带来的人为错误发生率,同时也可控制航空公司的飞行员培训成本。在设计中,可以考虑在半屏或压缩格式的PFD画面中采用减少特定情况下非必需飞行信息的显示方法,进行合理的防拥设计,以满足特殊画面窗口尺寸的限制。

2) 显示功能

在PFD画面中,包含以下几个主要功能窗口:空速窗口,飞行模式通告窗口,姿态窗口,高度窗口,垂直速度窗口及水平状态指示窗口。下面将对每个窗口中的主要显示功能和几种重要显示指示依次做简要介绍。

(1) 空速窗口。

空速指示布局在PFD画面的左侧,以一个刻度带为基础展开,空速窗口如图2-12所示。

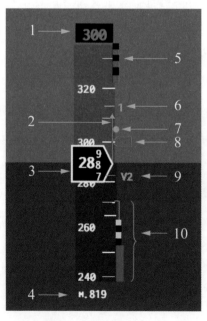

图 2-12 空速窗口

对图 2-12 中标示的数字详细阐述如下。

1—选择马赫数/空速指示：显示选择的马赫数/空速读数。马赫数与速度两个不同功能模式间可相互切换，一般可由机组成员在飞行模式控制板上进行手动选择。对应马赫数或速度功能模式下的目标值，也可由机组成员手动调谐或由飞管系统根据航路计划直接输出计算后的目标值。在两种不同的选择方式(手动选择和飞管管理)下的读数应在显示方法上有所区分，如颜色的改变等。

2—速度趋势指针：速度趋势指针指向刻度带上对应的，基于当前加速度下一段时间后的预测空速数值。目前主流机型多采用 10 秒的速度趋势预测。

3—当前空速读数：显示在一个读数框内，读数框位于刻度带中央。显示飞机当前的空速读数，并驱动刻度带运动，通常最后一位使用滚动数字形式。

4—当前马赫数指示：以数字显示飞机当前的马赫数读数。通常当前马赫数指示在大于一定数值时才显示。

5—构型限制速度：在飞机现有的构型下(包括起落架收放、襟缝翼卡位变化等)的最大限制速度，如超过该速度，可能会对飞机的构型造成影响，例如襟缝翼、起落架的收放卡阻等。一般而言，构型限制速度的设计会保留一定的裕度，但飞行员仍应尽量保持当前空速不超过该限制值。有的机型也会采用最大速度的指示。根据飞机性能设计，不同机型对于此类速度指示的叫法不同。

6—襟缝翼机动速度：指示出空速带上对应的襟缝翼收或放的机动参考速度。飞行员可根据襟缝翼机动速度，选择适当时机收放襟缝翼卡位。

7—绿点速度：通常用于指示飞机在光洁构型下(包括襟缝翼收起、起落架收起)可取得最佳升阻比的运行速度，一般用于单发失效时。

8—选择空速游标：指示出选择空速或选择马赫数所对应的空速值在空速刻度带上的位置，给飞行员提供直观的速度参考指示。当选择空速或选择马赫数存在预选的功能时，可由图标的不同形式来表示，如当图标为空心时指示预选数值,当预选数值被确认激活后,显示为实心图标。

9—起飞参考速度:起飞阶段,在空速带对应位置指示出起飞的参考速度包括决断速度 V_1(即飞行员需要决定是否中断起飞的最大速度)、抬轮速度 V_R 和起飞安全速度 V_2(即在离地 35 ft 前应达到的速度)。抬轮后或进入爬升过程中,可根据飞机当前构型,移除不必要的指示。

10—低速指示:为飞行员提供关于低速的告警指示。常见的低速指示包括最小选择速度、攻角保护速度、最大攻角速度和失速告警速度等,根据不同机型的性能设计,低速指示的叫法和含义也存在差异。

(2) 飞行模式通告窗口。

飞行模式指示用于指示自动驾驶飞行指引系统(autopilot flight director system,AFDS)的状态和模式显示。在 FMA 区域,按功能划分为 AFDS 状态指示和 AFDS 模式指示两部分。AFDS 状态指示显示飞行指引接通状态、自动飞行接通状态、进近/着陆能力指示。AFDS 模式指示分为指示自动油门模式、水平模式和垂直模式三组,每一组又分为接通模式和预位模式。

FMA 具体的指示内容根据机型和相应的 AFDS 设计不同会有较大区别,仅对常用的模式进行描述,如图 2-13 所示。

图 2-13 飞行模式通告窗口

对图 2-13 中标示的数字详细阐述如下。

1—推力(油门)/速度模式:指示飞机当前接通及预位的推力/速度模式,通常接通的推力/速度模式显示在第一行,预位的模式显示在第二行。

2—自动油门状态:当自动油门预位、接通或断开时,显示相应的指示。

3—进近/自动着陆状态:指示当前接通或预位的进近/自动着陆状态。当进近/自动着陆断开时,可在此区域显示相应的告警。

4—耦合侧指示：指示自动飞行控制系统用于计算时使用的数据源，如左侧或右侧航向/航迹基准、气压校正高度等。通常选择 PF 侧数据作为耦合侧数据，在某些特殊飞行阶段可使用表决后的双侧数据。

5—水平引导模式：指示飞机当前接通及预位的水平引导模式，通常接通的模式显示在第一行，预位的模式显示在第二行。

6—垂直引导模式：指示飞机当前接通及预位的垂直引导模式，通常接通的模式显示在第一行，预位的模式显示在第二行。

7—自动驾驶状态：当自动驾驶接通或断开时，显示相应的指示。

（3）姿态窗口。

姿态指示显示飞机相对于地平线的俯仰和横滚，如图 2-14 所示。

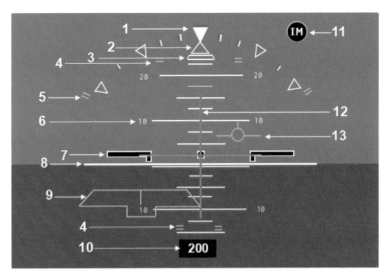

图 2-14　姿态窗口

对图 2-14 中标示的数字详细阐述如下。

1—滚转刻度带：显示在屏幕固定位置，不可移动。用于与滚转指针共同指示飞机当前的滚转角度。

2—滚转指针：可根据飞机实际滚转角度沿滚转刻度带内侧滚动，用于指示飞机当前的滚转角度。该指针不应被其他符号遮挡。

3—侧滑指示：以滚转指针为参考基准，可沿滚转指针下沿滑动，用于指示飞机当前的侧滑角或横向加速度。当飞机转弯角速度大而坡度不够时，飞机会向转弯的反方向产生侧滑（离心）。

4—俯仰包线保护：显示在俯仰刻度带相应位置，用于指示包线保护功能所提供的俯仰限制值。当包线保护功能不可用时，用黄色"X"符号代替。

5—滚转包线保护：与俯仰包线保护类似，显示在滚转刻度带相应位置，用于指示包线保护功能所提供的滚转限制值。当包线保护不可用时，用黄色"X"符号代替。

6—俯仰刻度带：用于提供俯仰参考指示，可根据飞机当前的滚转角与俯仰角滚动。通常，符号的有效范围为$-90°\sim+90°$；在$-30°\sim+50°$之间，用长线表示每$10°$，中线表示每$5°$，短线表示每$2.5°$。当超过$-30°\sim+50°$的范围时，用长线表示每$20°$。长线两旁用数字标注刻度值。

7—飞机本体符号：显示在屏幕固定位置，不可移动。用于指示飞机本体位置。

8—地平线：显示在零度俯仰线位置，用于指示地平线参考。

9—跑道来势线：在着陆进近期间指示跑道相对位置。通常，跑道来势线的横向偏差来自定位信标或方位角，垂直方向信息由无线电高度驱动。一般地，该符号在离地 200 ft 高度时，从姿态窗口底部或俯仰刻度带底部开始显示，并随着高度的降低向上移动。

10—无线电高度：用数字读数形式，指示当前飞机的无线电高度，一般在 2 500 ft 高度以下时显示。

11—指点信标：通常使用"I"或"IM"表示内指点信标，"M"或"MM"表示中指点信标，"O"或"OM"表示外指点信标。

12—飞行指引仪：用于指示基于姿态的俯仰和滚转指引。通常横杆用于指示俯仰指令，纵杆用于指示滚转指令。有些机型也会显示飞行路径指引仪，用于指示基于路径的指引命令，配合飞行路径矢量使用。

13—飞行路径矢量(flight path vector，FPV)符号：指示了飞机在垂直方向上的飞行路径角(flight path angle，FPA)和水平方向上的偏流角。FPV 的显示状态通常由 EFIS 控制板的 FPV 按钮进行选择。FPV 相对于地平线上下运动的距离指示了 FPA；FPV 相对于俯仰刻度中心线左右运动的距离指示了偏流角。

(4) 高度窗口。

高度指示布局在 PFD 画面的右侧(姿态指示区域右侧)，以一个刻度带为基础展开，如图 2-15 所示。

对图 2-15 中标示的数字详细阐述如下。

1—预选高度读数：预选高度的数字读数显示。当米制模式被激活时，米制预选高度读数将显示在该读数上方。

2—预选高度游标：显示在高度带对应的位置，指示预选高度值。

3—高度趋势指针：指示基于当前垂直速度，6 s 后的高度预测值。根据不同机型性能设计不同，该指示也可不显示。

4—当前高度读数：当前高度的数字读数显示。当米制模式被激活时，米制当前高度读数将显示在该读数上方。

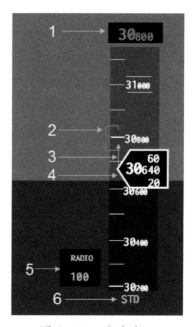

图 2-15　高度窗口

5—决断高度类型及读数：用于指示选择的决断高度类型(BARO 或 RADIO)，以及对应的决断高度数值。

6—气压基准读数：显示当前使用的气压基准设置值。通常，从飞机爬升高度大于过渡高度后，直至下降至过渡高度层以下，均使用标准气压基准(STD)。

(5) 垂直速度窗口。

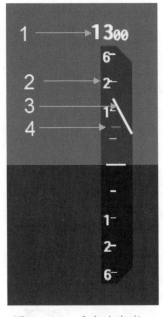

图 2 - 16　垂直速度窗口

垂直速度显示在高度指示的右侧,主要包括刻度带和指针,如图 2 - 16 所示。

对图 2 - 16 中标示的数字详细阐述如下。

1—当前垂直速度读数:当前垂直速度的数字显示。当飞机爬升时,即垂直速度向上时,当前垂直速度读数显示在垂直速度带上方;反之则显示在垂直速度带下方。

2—垂直速度带:垂直速度带上的刻度为固定显示,上下对称。

3—当前垂直速度指针:用于指示当前垂直速度在垂直速度带上对应的刻度位置,给飞行员提供直观的指示。

4—选择垂直速度游标:指示出选择垂直速度在垂直速度带上的位置。当选择垂直速度的数据源不同时,如飞管系统管理或飞行员手动输入,可用不同颜色来区分。

(6) 水平状态指示窗口。

随着计算机技术的发展和显示技术的提高,会在 PFD 下方集成部分的导航信息,可以使飞行员就近观察到重要的导航信息,这个区域称为水平状态指示(HSI)区域,也称为微型地图,如图 2 - 17 所示。HSI 区域地图的显示范围固定,通常为 20 n mile,显示飞行计划和相关的重要信息,包括飞行计划、航向/航迹相关指示、TCAS 信息、地速、风向/风速。HSI 区域的指示和 ND 类似。

对图 2 - 17 中标示的数字详细阐述如下。

1—真空速:指示飞机当前的真空速读数。

2—航向航迹模式通告:根据飞行员的选择,通告当前使用的航向/航迹模式。通常,航向模式指示为航向(heading, HDG),航迹模式指示为航迹(track, TRK)。

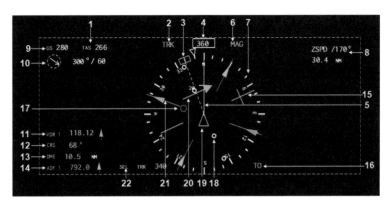

图 2-17　水平状态指示窗口

3—选择航向/航迹游标：根据选择的航向/航迹模式，在方位罗盘上相应位置指示出选择的航向/航迹游标。

4—当前航向/航迹读数：根据选择的航向/航迹模式，显示对应的当前航向/航迹读数。

5—航迹线：连接当前航迹与飞机参考位置的连线，并在中间位置标注方位罗盘的范围刻度。如"20"表示方位罗盘的指示区域为半径 40 n mile 的圆形范围。

6—真/磁模式通告：根据飞行员的选择，通告当前使用的真/磁模式。通常，真模式指示用 TRU 表示，磁模式指示用 MAG 表示。

7—方位罗盘：指示从 0 到 360 的方位罗盘，可根据飞机当前的航向/航迹读数旋转。

8—下一航路点信息：指示下一航路点的名称、距离等信息。

9—地速：指示飞机当前的地速读数。

10—风向风速信息：指示风向风速信息。通常可包括风向箭头，风向读数以及风速读数。

11—VOR 导航调谐台站频率/ID 信息：显示 VOR 台站的频率或 ID 信息。左侧 VOR 显示在左下角位置，右侧 VOR 显示在右下角对应位置。

12—VOR 导航调谐台站航道信息：显示 VOR 台站的对应航道信息。左侧 VOR 航道显示在左下角位置,右侧 VOR 航道显示在右下角对应位置。

13—VOR 导航调谐台站测距仪(distance measuring equipment,DME)距离信息:显示 VOR 台站的对应 DME 距离信息。左侧 VOR 距离显示在左下角对应位置,右侧 VOR 距离显示在右下角对应位置。

14—ADF 导航调谐台站频率信息:显示 ADF 台站的频率信息。左侧 ADF 显示在左下角对应位置,右侧 ADF 显示在右下角对应位置。

15—选择航道指针:指示 VOR 或航向信标台(LOC)导航台站的航道角在方位罗盘上的对应位置。

16—TO/FROM 指示:根据飞机当前位置、选择航道信息及导航台站位置计算得出的 TO/FROM 结果指示。

17—导航调谐台站图标:激活的导航调谐台站在方位罗盘内的相应位置。如超出罗盘有效范围,则不显示。

18—航道偏差指示带:用于指示航道偏差的指示带,与选择航道指针垂直显示。

19—飞机参考符号:固定显示在罗盘中心位置,不可移动,用于指示飞机当前位置。

20—航道偏差指针:用于指示飞机当前位置与选择航道之间的相对偏差。偏差指针与选择航道指针水平显示,且根据实际偏差沿偏差指示带移动。

21—方位指针:在方位罗盘对应的刻度上指示出激活的导航调谐台站的方位角,如 ADF 或 VOR 台站。

22—选择航向/航迹读数:根据航向/航迹模式的选择,显示选择航向/航迹的读数。

(7)仪表着陆系统指示。

仪表着陆系统指示主要位于姿态区域的右方和下方边沿,如图 2-18 所示。用来提供 ILS 下滑道和水平航道的偏差、电台频率/标识符、DME、航道及指点信标的指示。

图 2-18　仪表着陆系统指示

a. 指点信标指示(OM—外指点信标,IM—内指点信标,MM—中指点信标)显示在姿态区域的右上方。

b. 下滑道偏差刻度及指针显示在姿态区域的右侧、高度带左侧。

c. 水平航道偏差刻度及指针在姿态区域的底部。

(8) 导航性能指示。

导航性能刻度尺和指针显示当前基于性能导航的水平/垂直引导(LNAV/VNAV)路径相对于飞机的偏移位置,如图 2-19 所示。飞机位置由刻度尺的中心刻度线表示,LNAV/VNAV 路径由三角形指针表示。导航性能指示的显

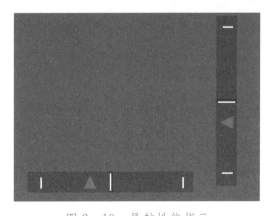

图 2-19　导航性能指示

示位置和仪表着陆显示位置一致,它们之中根据当前使用的导航源只能显示一个。导航性能刻度尺所表示的距离依赖所需导航性能(required navigation performance,RNP)。如该路径没有 RNP 要求,可用固定距离表示,如 VNAV 刻度尺可指示±400 ft。

(9) PFD 的告警指示。

风切变告警/近地告警通常在 PFD 上以明显的大写字母指示,告警文本为 WINDSHEAR/PULL UP,如图 2-20 所示。

图 2-20　PFD 的告警指示

(10) 综合备份仪表显示。

综合备份仪表是独立的备份设备,其主要作用是作为驾驶舱显示器的备份,在显示器失效的情况下能够独立显示飞行信息,其显示信息包括空速、高度、航向等必要的飞行信息,如图 2-21 所示。

综合备份仪表有独立的导航单元和气压测量单元,可以独立测量飞机当前的空速、高度等信息并显示。同时,在正常工作模式下,综合备份仪表可以接受

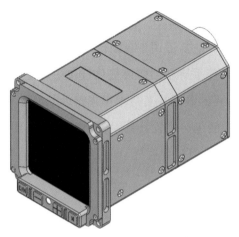

图 2-21　综合备份仪表

飞控系统发送的数据显示。

2.2.3.2　导航显示

（1）飞行管理系统。

飞行管理系统（FMS）的架构是由两个驻留在不同的综合化模块航空电子（integrated modular avionics，IMA）平台中的飞行管理系统软件组成。飞行管理系统功能满足 ARINC 702A-3 的要求。图 2-22 显示了飞行管理系统架构及飞行管理与其他系统的主要接口。两套 FMS 以同步模式运行，进出飞行管理系统应用软件的数据通信经过 ARINC 664（简写为 A664）转换到两个独立的通道上。FMS 各组成部分间具有强有力的数据交换机制，该机制使得用来同步、检错和验证 FMS 所有导航方法的数据交换变得容易。FMS 通过两套多功能键盘（multi-function keyboard，MKB）和两套光标控制设备（CCD）进行控制，每个飞行员各使用一套，其生成的信息会显示在主飞行显示器和多功能显示器上。FMS 信息通过 A661 协议显示在驾驶舱显示器上。

FMS 提供了很多功能来帮助飞行员导引飞机，完成从起飞到降落机场的四维航迹飞行。FMS 提供横向和垂直的飞行计划管理功能，该功能包括创建飞行计划、编辑飞行计划、储存飞行计划到数据库和从数据库调出飞行计划；通过多传感器提供对飞行器当前状态最好的评估;提供对航线、终端和进近空域导航的横向和垂直导引能力,适用于自动转换到精密进近的横向和垂直耦合的导航能力;从飞行器性能手册和剖面最优化报告中确定性能信息;支持北向指上和航向指上显示形式的数据并支持垂直飞行计划显示和图形化飞行计划显示。FMS主要的子功能包括位置计算、飞行计划、轨迹预测、性能计算、水平/垂直导引、AOC数据链、ATC数据链、导航无线电调谐、打印机接口、机场地面地图。

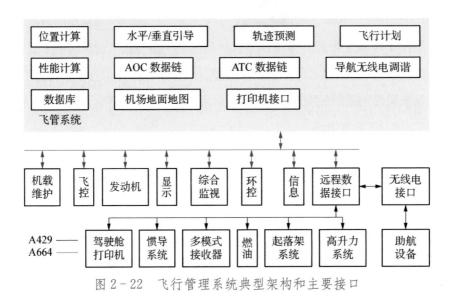

图 2-22　飞行管理系统典型架构和主要接口

（2）导航地图显示。

导航显示器（navigation display，ND）也称为电子水平位置指示器（electronic horizontal situation indicator，EHSI）,是水平状态指示器（HSI）的改进版本,它是伴随陀螺仪方向指示器或定向陀螺仪产生的。HSI将两个不同的导航辅助设备和飞机的航向集成显示。ND不仅可以实现这一点,而且还具有更多功能。

结合飞行管理计算机和显示控制器,ND以计划（PLAN）、地图（MAP）、VOR和ILS模式显示信息。计划模式显示的是一个固定地图,上面包含了所有 FMS 输入的飞行计划信息,通常包括每个航班段和目的地机场选择的所有导航辅助设备。MAP 模式显示的背景是一个包含详细信息并会随着飞机坐标移动的地图,显示了在范围内使用中和未被使用的所有导航辅助设备,以及在显示范围内其他机场和航路点。通过软件/硬件方式的选择,可以在背景上叠加天气雷达信息。当与 TCAS 集成时,可以显示其他空中交通信息。与标准 HSI 不同,ND 可能仅显示罗盘的相关部分。当前显示模式和所选功能的通知会与其他相关信息一起显示,包括到下一个航点的距离和到达时间、机场指示符、风向和速度等。根据制造商的不同,有许多不同的显示方式。

ND 会显示整个航班的导航信息。从导航计划到仪表进近再到着陆,飞行员会选择对特定飞行阶段最有用的模式。在大多数飞行过程中都使用 MAP 模式。ND 的 VOR 模式在特定的飞行航段中更加传统地聚焦在选定的 VOR 或正在使用的其他导航站点。整个罗盘、标准的横向偏离指针、朝向信息、航向和距离信息都是该模式下的标准配置,随着设计不同其他信息也可能会显示。

导航地图提供用于飞行路径导航的必要参数显示。显示通常是动态的符号指示、数字指示以及图像指示。其提供的信息主要包括 ND 信息指示、VSD 信息指示和 ADS‐B 信息指示。

ND 一般提供的显示信息主要有真空速、地速、航向、航迹、无线电数据、飞行计划、TCAS 信息、WXR 信息、TERR 信息以及 ADS‐B 信息等。

垂直位置显示(VSD)一般提供的显示信息主要有飞机高度、选择高度、选择 FPA、预选 FPA、BARO 高度、垂直飞行计划、垂直地形等信息。

自动相关监视(ADS‐B)一般提供 ADS‐B IN 的相关信息,主要有目标飞机 ID,目标飞机地速、目标飞机类型、目标飞机垂直速度、目标飞机航迹等信息。

ND 通常给飞行员提供两种选择模式:MAP 模式(飞机当前位置模式)、PLAN 模式。同样,ND 会根据当前飞行员的选择提供半罗盘和全罗盘两种模式,以及半屏 ND 和全屏 ND 两种显示方式。在通常情况下,ND 处于 MAP 模式,此时飞机位于罗盘中心。如果飞行员没有选择真/磁和航向/航迹,那么ND通常以磁航向为默认显示模式。

当飞机系统失效时,ND会显示相应的失效标识。当源系统失效或没有可用的系统数据源时,相关的显示信息将会被移除,或者被无效的占位符(通常是黄色的"—")取代。

ND典型的MAP模式显示示意图如图2-23所示,其中标号是按照图上对应功能从上到下、从左到右的顺序标的。

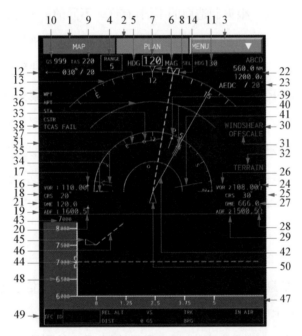

图2-23　ND典型的MAP模式显示示意图

对图2-23中标示的数字详细阐述如下。

1—MAP选择按钮:指示MAP模式选择,如果飞行员选择MAP按钮,则ND将显示MAP模式。

2—PLAN选择按钮:指示PLAN模式选择,如果飞行员选择PLAN按钮,则ND将显示PLAN模式。

3—菜单选择：指示 ND 菜单选择。在 MAP 模式下的菜单包括 VSD 窗口、WXR 信息、TERR 信息、TFC 信息、ADS - B 信息、航路点（WPT）、机场（APT）、导航台（STA）、受限区域（CSTR）等。在 PLAN 模式下的菜单相对 MAP 模式较少，包括航路、机场、导航台、受限区域等。

4—范围：指示当前 ND 的范围，包括标签、读数以及读数框。其一般有 0.5、1、2、5、10、20、40、80、160、320、640 和 1 280，单位都是 n mile。

5—航向/航迹指示：指示当前航向/航迹模式。如果选择航向模式，则其显示为 HDG；如果选择航迹模式，则其显示为 TRK。MAP 默认显示 HDG 模式。

6—真/磁指示：指示当前真/磁模式参考。如果当前选择真模式，则其显示为 TRU；如果选择磁模式，其显示为 MAG。MAP 默认显示 MAG 模式。

7—当前航向/航迹读数：指示当前航向或航迹读数。如果当前模式为航向（图 2 - 23 中数字 5），则指示当前航向；如果当前模式为航迹，则指示当前航迹。其显示范围是 1～360，单位是（°），精度是 1°。如果当前模式下数据无效，则会显示红色的 HDG 或者 TRK。

8—当前航向指针：指示当前航向在罗盘上所对应位置。如果当前航向的数据无效，则对应的指针会移除。

9—真空速：指示当前真空速，包括标签和读数，范围是 101～999，单位是 kn，精度是 1 kn。

10—地速：指示当前地速，包括标签和读数，范围是 0～999，单位是 kn，精度是 1 kn。

11—预选航向/航迹读数：指示预选航向/航迹读数，包括标签、读数，范围是 1～360，单位是（°），精度是 1°。如果预选航向/航迹数据无效，则会移除相应的读数。

12—风信息：指示当前风的信息，包括标签、风速、风向和风向箭头。风速读数的范围是 0～999，单位是 kn，精度是 1 kn。风向读数范围是 1～360，单位是(°),精度是 1°。风向读数通常在风速小于 2 kn 时显示为 0,防止数据抖动。风向箭头只有在风速大于 2 kn 时才会显示。风信息在风速或者风向数据无效时移除。

13—罗盘:指示当前的罗盘,显示范围是 0~360,单位是(°),精度是 1°,由圆弧和刻度组成。在特定的位置如 0、30、60、90、120、150、180、210、240、270、300 和 330 的刻度线都比较长,且在刻度线顶部会显示 3、6、12、15、21、24、30 和 33。每个刻度间隔是 10°。在 0、90、180、270 分别显示 N、E、S、W。

14—预选航向/航迹指针:指示预选航向/航迹,与航向/航迹指示(图 2-23 中数字 5)保持一致。如果预选航向/航迹数据无效则移除相应的指针。

15—飞管图层信息:指示飞管图层信息,包括航路点、机场、导航台、受限区域。飞行员可以通过菜单选择(图 2-23 中数字 3)来控制飞管信息的显示。

16—VOR1 频率/名称:指示 VOR1 频率或者 ID,包括标签和读数。VOR1 的频率范围是 108~118 MHz,精度是 0.05 MHz。

17—VOR1 方位符号:指示 VOR1 方位符号,如果 VOR1 方位数据无效则移除。

18—VOR1 预选航道:指示 VOR1 预选航道,包括标签和读数,范围是 1~360,单位是(°),精度是 1°。如果 VOR1 预选航道数据无效,则会移除标签和读数。

19—ADF1 频率/名称:指示 ADF1 频率或 ID,包括标签和读数。ADF1 频率范围是 190~1 799 kHz,精度是 0.5 kHz。

20—ADF1 方位符号:指示 ADF1 方位符号,如果 VOR1 方位数据无效则移除。

21—VOR1 距离:指示 VOR1 的距离,包括标签和读数,范围是 0~999.9,单位是 n mile,精度是 0.1 n mile。

22—下一个航路点信息:指示下一个航路点的信息,包括航路点名称、到达时间和到达距离。到达距离的范围是 0～999.9,单位是 n mile,精度是 0.1 n mile。

23—导航源:指示当前导航源,包括 FMS1、VOR1、LOC、FMS2、VOR2。如果当前导航源是 LOC,且 LOC 的相应信息有效,则会显示 LOC 频率/通道号/名称、LOC 预选航道以及 LOC 距离。LOC 频率的范围是 108～112 MHz,精度是 0.05 MHz。LOC 预选航道的范围是 1～360,单位是 (°),精度是 1°。LOC 距离的范围是 0～999.9 n mile,精度是 0.1 n mile。

24—VOR2 方位符号:指示 VOR2 方位符号,如果 VOR2 方位数据无效则移除。

25—VOR2 预选航道:指示 VOR2 预选航道,包括标签和读数,范围是 1～360,单位是 (°),精度是 1°。

26—VOR2 频率/名称:指示 VOR2 频率或名称,VOR2 频率范围是 108～118 MHz,精度是 0.05 MHz。

27—VOR2 距离:指示 VOR2 的距离,包括标签和读数,范围是 0～999.9,单位是 n mile,精度是 0.1 n mile。

28—ADF2 方位符号:指示 ADF2 方位符号。如果 ADF2 方位数据无效,则移除 ADF2 方位符号。

29—ADF2 频率/名称:指示 ADF2 频率或 ID,包括标签和读数,ADF2 频率范围是 190～1 799 kHz,精度是 0.5 kHz。

30—风切变:指示气象雷达风切变告警,根据告警等级显示为黄色或者红色。

31—超界:指示 TCAS 或者 ADS-B 超界告警。根据告警等级显示为红色、黄色或者绿色。

32—地形/障碍物:指示地形/障碍物告警,根据告警等级显示为红色或者黄色。

33—航道偏差刻度:指示航道偏差刻度,由 4 个小圆圈组成。如果是 VOR,则每个间隔代表 2.5°;如果是 LOC,则每个间隔代表 0.077 5 ddm。

34—VOR1方位指针：指示VOR1方位指针。如果VOR1方位数据无效,则移除VOR1方位指针。

35—VOR2方位指针：指示VOR2方位指针。如果VOR2方位数据无效,则移除VOR2方位指针。

36—TCAS/WXR范围参考：指示TCAS/WXR的范围参考,在有TCAS或者WXR时显示。

37—航道偏差：指示飞机的水平航道偏差。根据当前显示导航源的选择分别代表VOR1、VOR2和LOC。

38—TCAS模式通告：指示TCAS模式,一般包括TFC、TA ONLY、TCAS FAIL、TCAS OFF、TCAS TEST。当TCAS系统故障时,会显示TCAS FAIL。

39—ADF1方位指针：指示ADF1方位指针。如果ADF1方位数据无效,则移除ADF1方位指针。

40—ADF2方位指针：指示ADF2方位指针。如果ADF2方位数据无效,则移除ADF2方位指针。

41—预选航道和向/背台：指示VOR或者LOC预选航道,以及VOR的向/背台信息。根据当前显示导航源的选择分别代表VOR1预选航道、VOR2预选航道和LOC预选航道。

42—当前航迹线：指示飞机的当前航迹,如果航迹数据无效则移除。

43—预选高度读数：指示预选高度,精度为1 ft。如果预选高度数据无效则移除。

44—预选高度指针：指示预选高度,精度为1 ft。如果预选高度数据无效则移除。

45—VSD飞机符号：指示飞机的当前位置和高度。

46—预选FPA：指示预选FPA。

47—水平参考线：指示VSD上面的水平范围。如果MAP在正常半屏模式下,则 VSD 水平范围和 ND 范围一致;如果 MAP 是全屏显示,则 VSD 水平范围是 ND 范围的 2 倍。

48—高度参考线:指示 VSD 上面的高度参考,单位是 ft。

49—ADS‐B IN 数据:指示 ADS‐B IN 目标飞机数据,包括目标飞机 ID、目标飞机地速、目标飞机方位、目标飞机相对高度、目标飞机航迹、目标飞机垂直速度、目标飞机类型、目标飞机距离等。

50—飞机符号:指示飞机的当前位置。

51—WXR 失效通告:指示 WXR 失效通告,一般包括 WXR FAIL、ATT、ANT、DRV、RTM、ISS、TCP、ATT、AUTOTILT FAIL,显示为黄色。

2.2.4　发动机指示与机组告警

发动机系统指示发动机主要参数和次要参数。其中,发动机主要参数包括 N1、排气温度(exhaust gas temperature,EGT)、发动机状态、发动机信号旗、发动机推力模式及减推力起飞温度。发动机次要参数包括 N2、燃油流量、滑油温度、滑油压力、N1 振动和 N2 振动指示。

2.2.4.1　发动机指示

1)发动机系统指示

(1)发动机主要参数。

N1 指示包括模拟指示和数字指示,用于指示当前发动机低速转子的转速。数字指示可以让飞行员直观确认当前的 N1 转速值,模拟指示则可以让飞行员观察 N1 转速的变化趋势,帮助飞行员判断转速状态。当 N1 转速处于正常范围内时,转速读数应显示白色;当 N1 转速处于告警范围内时,转速读数应显示红色。

EGT 指示包括模拟指示和数字指示,用于指示当前发动机排气温度。数字指示可以让飞行员直观确认当前的 EGT 值,模拟指示则可以让飞行员观察 EGT 的变化趋势,帮助飞行员判断 EGT 状态。当 EGT 值处于正常范围内时,

EGT 读数应显示白色；当 EGT 值处于警戒范围内时，EGT 读数显示黄色；当 EGT 值处于警告范围内时，EGT 读数显示红色。

不同型号的发动机设计有不同的状态，通常包括 FIRE、IGN、START、RUN、ATS 和 WINDMILL 等状态。其中，FIRE 表示发动机着火，IGN 表示发动机在点火状态，START 表示发动机在起动状态，RUN 表示发动机在运行状态，ATS 表示发动机在涡轮起动状态，WINDMILL 表示发动机在空气起动状态。

发动机信号通常包括 WAI、NAI 和 REV。当显示 WAI 时，表示机翼防冰功能打开。当显示 NAI 时，表示短舱防冰功能开启。当显示 REV 时，表示反推力装置打开。

发动机推力模式通常包括 FLEX、BUMP、TO‐1、TO‐2、GA、CON、CLB、CLB‐1、CLB‐2 和 CRZ。根据当前发动机的推力模式，显示相应的推力模式指示。当前为 FLEX 模式时，显示对应的灵活起飞温度值。

（2）发动机次要参数。

发动机次要参数主要以数字读数为主。N2 用于指示当前发动机高压转子的转速；燃油流量用于指示当前燃油流量读数；滑油温度用于指示当前滑油温度读数；滑油压力用于指示当前滑油压力读数；N1 振动用于指示当前 N1 振动值读数；N2 振动用于指示当前 N2 振动值读数。以上发动机次要参数在正常范围内时，读数显示白色；在警戒范围内时，读数显示黄色；在警告范围内时，读数显示红色。

（3）发动机指示的一般要求。

关于发动机指示的一般要求，根据 CCAR‐25.1305 条动力装置仪表规定，涡轮发动机飞机应至少提供以下参数：

a. 每台发动机一个燃气温度表。

b. 每台发动机一个燃油流量表。

c. 每台发动机一个转速表（指示有规定限制转速的转子转速）。

d. 每台发动机一个动力装置防冰系统功能指示器。

e. 每个滑油箱一个滑油油量指示器。

f. 每台发动机的每个独立的滑油压力系统一个滑油压力表。

g. 每台发动机一个滑油压力警告装置,或所有发动机一个总警告装置,并有分离各单独警告的措施。

h. 每台发动机一个滑油温度表。

发动机指示一般可分布在 EICAS 和简图页,根据支持的机组任务,其功能分配应遵循以下原则:

a. EICAS 页面应至少提供 N1、EGT、N2 和 FF 四个参数。

b. 发动机参数可单独构成一个发动机页面,或者作为 STATUS 页面的一部分。

c. EICAS 页面应考虑不同发动机选型可能带来的显示参数的变化,以及由此对显示空间布局产生的影响。

根据 AC 25 - 11B 的要求,当某个或若干发动机参数同时显示在 EICAS 和简图页时,应保持共同参数的显示顺序,标识、精度和量程一致。

(4) 发动机指示的详细要求。

通常以模拟表盘结合读数的形式指示 N1,一般提供以下指示:N1 红线;N1 参考;N1 指令值;N1 指令弧;N1 读数和指针,可根据工作状态用不同颜色区分;N1 表盘的填充色应兼顾可读性。

通常以模拟表盘结合读数的形式指示 EGT,一般提供以下指示:EGT 红线;EGT 起动红线;EGT 黄线值;EGT 读数和指针,可根据工作状态用不同颜色区分;EGT 表盘的填充色应兼顾可读性。

反推指示可在空中抑制,也可选在地面和空中皆根据工作状态如实显示。一般需要区分反推按指令完全打开、反推在打开过程中以及反推实际位置与指令不符。

需指示以下发动机状态:发动机火警、发动机处于起动顺序中、发动机起动成功、风车起动提示以及发动机防冰工作。

推力等级一般包含额定推力起飞、减推起飞、爬升推力、最大连续推力、复飞推力以及灵活起飞推力。

推力参考值可以针对左右发动机独立显示，也可以两侧发动机共同显示。推力参考值读数也会在 N1 表盘上模拟指示。

在发动机起动成功并正常工作后，部分发动机次要参数应进入防拥显示模式，即自动移除相关数据的标识和读数，推荐选择 OIL QTY、N1 VIB 和 N2 VIB。当某个参数超限时，重新显示该参数的左右发动机数据。

可设置专用按钮用于手动设置发动机次要参数的显示或隐藏，该按钮的标识可使用 ENG。当多于两个 DU 失效，航电系统自动或手动重构且出现 2 个 EICAS 格式时，应考虑发动机指示与操作响应的同步。

2）燃油系统指示

燃油系统指示包括总油量指示、左油箱油量指示、右油箱油量指示和中央油箱油量指示。当油量处于正常范围内时，相应油量的读数显示为白色；当油量处于警戒范围内时，相应油量的读数显示为黄色；当油量处于警告范围内时，相应油量的读数显示为红色。

3）起落架系统状态

起落架系统指示包括主起落架状态指示、左起落架状态指示和右起落架状态指示。每个起落架分别包括放下、收起、在转换、不可用四个状态。三组起落架的状态指示互相独立。

4）高升力系统状态

高升力系统指示主要包括襟缝翼的指示。襟缝翼指示以模拟指示为主，配合读数显示。指示内容包括襟缝翼的位置读数、襟缝翼的指令位置以及襟缝翼的动态趋势。

5）飞控系统状态

飞控系统状态指示主要包括水平安定面配平和垂直安定面配平，并以模拟指示为主,配合数字指示,为飞行员提供配平安定面的位置信息及变化趋势。其中,在水平安定面配平的指示中,包含安全起飞绿带的指示,当水平安定面的位置在绿带范围内时,表示可以支持安全起飞。

6) 通信系统状态

EICAS 关于通信系统的状态指示,以通信系统旗为主,包括 CABIN、SATCOM、INFO 等。当有相关的通信系统消息且未被飞行员查看时,显示相应的通信系统状态旗,否则移除该通信系统状态旗。

根据驾驶舱设计理念和人机接口(human machine interface,HMI)设计理念,不同机型的 EICAS 显示的信息可能会有所不同。本章根据典型机型,罗列了一些可以设计在 EICAS 上显示的信息,供其他机型设计作为参考。

2.2.4.2　告警信息显示

航空安全是国际民航界最关心的问题,飞机机组告警系统的发展和应用对于帮助飞行员及时发现危险、减少飞行事故起了重要作用。飞机机组告警系统的目的是吸引机组人员的注意,告知机组人员飞机的非正常系统状态或要求机组人员意识到飞机当前的非正常运行事件,通知机组人员采用适当的行动来解除那些非正常状况。告警系统要完成其设计的目的,必须依赖完整告警功能的设计。功能包括了需要触发告警的传感器及传感情况,以及信息是如何被随后处理的,包括告警被分配的紧急程度和优先级水平、已经被分配的紧急和优先级水平告警的展现形式选择。

1) 告警功能特性

人机工效专家 Amy R. Pritchett 对告警功能的基本定义如下:告警功能是一个能够监控、发现和通告影响操作人员近期活动(据操控人员或设计师预测)情况的电子机械系统。飞行机组告警的简要流程如下:飞行机组告警第三方成员系统按照成员系统规范的规定向飞机驾驶舱告警系统(flight deck alerting system,FDAS)提供信号数据,FDAS 经过逻辑计算处理过程(告警级别定义、告警颜色、告警部件、告警抑制、告警信息隐藏等)产生激活、抑制等状态,最终生成视觉、听觉等告警效果使机组人员知晓,告警功能原理如图2-24所示。

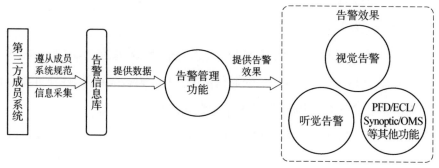

图2-24 告警功能原理

(1)告警的分级。

为了有效地传递重要的告警信息以体现危及飞机安全情况的重要程度,机组告警类型由需要机组成员响应及采取相关措施的紧急程度来划分,其级别与相应的分类标准如表2-2所示,流程定义如图2-25所示。需要注意的是:同一条告警在不同的飞行阶段和飞机构型下可能定义为不同的告警级别。

表2-2 告警级别分类标准

告警级别	评定标准	情况举例
时间关键警告(time critical warning,4级)	需要飞行机组在几秒钟之内就做出反应并立即响应的情况	飞机/系统致命的故障
警告(warning,3级)	需要飞行机组立即知晓并立即响应的情况	飞机/系统危险配置严重的系统故障
警戒(caution,2级)	需要飞行机组立即知晓并随后响应的情况	对安全没有直接影响的系统故障/失误
提示(advisory,1级)	需要飞行机组知晓并可能需要随后响应的情况	导致系统冗余丧失或退化的系统故障/失误
状态(status,0级)	需要飞行机组知道的非正常系统配置,但不需采取纠正行动	此类型仅针对信息情况

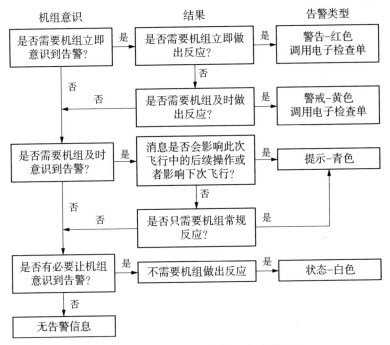

图 2-25 告警级别定义流程框图

（2）告警的方式。

现代民用飞机机组告警采用的告警方式有多种，按照机组人员接收信息的感觉通道，可分为视觉告警、音频告警和触觉告警。

根据 AC 25.1322 的要求，对于警告与警戒，必须使用至少两种不同的感知以提供引人注意的特性，从而使飞行机组人员立刻知晓。

因而对于警告与警戒，其典型的告警方式组合如下：

① 主视觉告警，视觉告警信息和主音频告警。

② 主视觉告警，视觉告警信息和音频告警信息或者特殊语调。

2）告警功能设计

日趋复杂的民机航电系统大大增加了告警系统的设计难度，同时针对告警功能最需要满足的"引人注意、鲜明醒目、清晰可辨和明确易懂"等基本要求。通常告警主要包括以下功能：告警逻辑处理；告警信息显示管理；主视觉告警触发及确认；音频告警管理；控制面板组件（control panel annunciator，CPA）指示灯触发；飞行阶段计算。

（1）告警逻辑处理。

a. 告警逻辑计算功能。告警逻辑计算功能根据第三方成员系统在其各自的 ICD 里定义的告警要求、告警逻辑以及相应的触发告警的输入信号，每隔一定周期计算当前告警逻辑表达式的值从而判断当前告警是否处于激活状态。

b. 告警逻辑抑制功能。告警逻辑抑制功能的设计可以在特定的操作阶段阻止不当或者不必要告警的呈现。同时告警逻辑抑制功能也可以用于管理多告警情况的优先级。

至少在以下几种情况下可以抑制告警：告警会分散机组的注意力而造成危险情况；多个单独的告警可以组合为一个顶层告警。告警可以通过告警功能自动抑制或通过机组手动抑制，如果提供措施可以使机组手动抑制告警，那么必须在机组抑制告警后，有清晰易懂的指示告知机组已经手动抑制掉该告警。通常考虑以下方式显示：在告警显示区域（一般为告警窗口）通过特定字符指示；在控制板上通过特定指示灯的亮/灭表示当前有无被手动抑制的告警。

需要告警抑制的情况通常包括如下几种：

a. 时间关键告警抑制。时间关键告警需要机组成员立即将注意力转移到此告警并且立即采取行动来处理这些告警，因而在时间关键告警发生期间需要抑制掉所有优先级比其低的告警（包括视觉与听觉）。由于时间关键告警通常会有特定的显示位置（如 PFD、ND 等），因而当进入飞行阶段抑制时，为了不干扰此时飞行员操作的注意力，原先显示在屏幕上的告警若其告警条件依然存在就仍然显示，而新来的告警将不会在屏幕上显示。

b. 优先级抑制（语音）。优先级较高的语音告警会抑制新产生的优先级低的语音告警。所有的语音告警应按照优先级顺序排列，这样当多个告警发生时可以帮助飞行机组做出处理决定。

c. 飞行阶段抑制。某些告警消息会分散飞行员在关键飞行阶段的注意力,或者这些告警消息本身就是源自特定阶段的正常操作,因此在特定的飞行阶段有些告警消息将被抑制。这些特定的飞行阶段包括地面、起飞、着陆等,针对每一个特定阶段都要定义一组相应的需抑制的告警消息。对于一个在特定阶段被抑制的消息,当新的阶段到来时,若该告警状况仍然存在,则该消息将被激活并通告。

d. 告警功能失效抑制。当告警功能发生失效状况时,应采取一定的措施抑制告警信息的通告,以避免因系统失效而产生的错误告警扰乱机组的正常操作。一般可以采用按压式开关来移除错误告警。但为了防止机组错误操作,此类控制装置应带有保护装置,不能被机组轻易操作,如采用按键保护盖等手段。

e. 连锁/等效失效抑制。对于由某个共因故障引发一系列故障的情况,只有作为根源的那个故障会触发产生告警消息,后续引发的那些故障将被抑制而不再产生告警消息。如左发电机损坏出现告警"L GENERATOR FAULT",左发动机损坏出现告警"L ENGINE FAULT",由于左发动机故障将会引起左发电机故障,因而只需要显示"L ENGINE FAULT"。

当多个告警同时发生,触发原因不同,但对飞机的影响相同时,可以使用一个等效消息来抑制多个告警。如"CARGO DOOR 1 OPEN"和"L1 PAX DOOR OPEN"属于同类,如果它们同时发生,则显示告警"DOORS"。

(2) 告警窗口信息显示管理功能。

告警窗口显示通常有多种方式,一种典型的告警窗口显示格式是通过A661 图层管理,如图 2-26 所示。该功能以告警消息列表的形式在显示器上为机组人员提供视觉告警指示并处理驻留于显示器的 A661 服务器的交互事件。

图 2-26　告警功能与 A661 服务器交联关系

告警信息可以显示在不同的显示器上,但同一时刻不会显示多于一个告警信息窗口。此功能将处理影响整个图层的事件(如激活/不激活每个显示器上相应的图层以及与 A661 的通信监控等),并向服务器发送相应的命令响应及请求。

告警窗口信息显示管理功能主要包含以下子功能:

a. 告警信息显示排序功能。根据告警级别标准"需要飞行机组关注程度以及响应情况"的评定方法,当有多个视觉告警可以同时显示时,首先要确保其显示顺序为告警级别高的显示在上方,即视觉告警顺序为警告—警戒—提示—状态。其次,考虑到同一个类别中会有多个告警出现的情况,因而设计了通过将同一类别的告警中最近发生的告警放在每一类型的最上方的方法以供飞行机组人员分辨最近发生的告警。最后,对于同一类别中,如果同一时间产生多条告警,需要将优先级较高的排列在告警的上方,这样的视觉告警顺序设计保证了让飞行机组关注到最需要关注与相应的告警情况。

b. 告警信息显示功能。告警颜色信息显示需要规范标准化的告警颜色,这样可以使机组人员更为简单地区分各类告警类型,提高飞行员对视觉告警认识的效率。标准化的告警颜色分类如表 2-3 所示。

表 2-3 标准化的告警颜色分类

告警级别	颜 色 要 求
警告	红色
警戒	琥珀色或黄色
提示	除红色、绿色以外的其他颜色,建议采用青色或白色
状态	除红色、绿色以外的其他颜色,建议采用白色

根据告警逻辑处理结果生成可显示的告警信息列表,此列表内的告警信息依据告警信息顺序管理功能结果显示,如图 2-27 所示。红色的警告告警信息在最上方,其次为警戒告警信息,再次是提示告警信息,最后是状态告警信息。

已显示的告警消息将持续存在于告警列表中,直到激活状态不再存在、被抑制或由于飞机构型变化导致该消息从告警列表中移除。若告警消息因飞行阶段抑制(详见飞行阶段抑制)而需冻结告警消息时,已经存在于告警列表的告警消息将被认为处于冻结状态。在被抑制的飞行阶段内被冻结的告警消息将继续留在告警激活列表中,即便该告警状态已不存在或因其他原因被抑制。

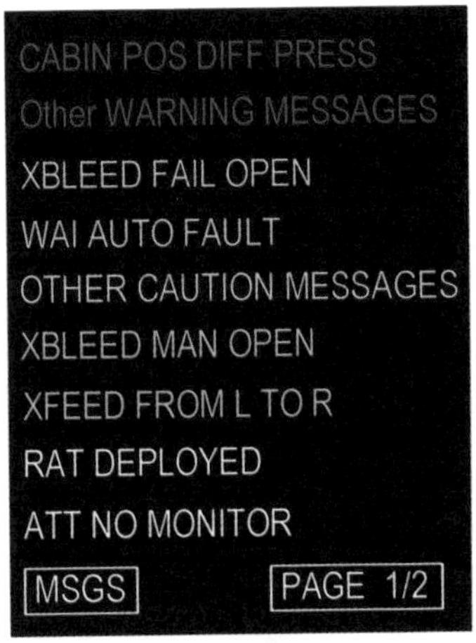

　　c. 视觉告警隐藏/恢复。当有较多的告警信息显示在告警页面时,为了考虑机组人员集中注意力去响应重要的告警信息,需要设计视觉告警信息隐藏/恢复功能,如图 2 - 28 所示。通常其由一个按键控制,可以实现告警信息的隐藏与恢复功能供机组成员使用。

图 2 - 27　告警信息显示功能

　　d. 视觉告警翻页。视觉告警页面显示具有计算页码功能,由于每页显示的视觉告警信息条目是有限的,因而当视觉告警信息超出每个页面可显示条数时,页码数就会增加。此时,设计视觉告警翻页功能才能使得机组人员查看所有的视觉告警信息,通常视觉告警信息翻页功能由控制面板上的一个按钮来实现,如图 2 - 29 所示。

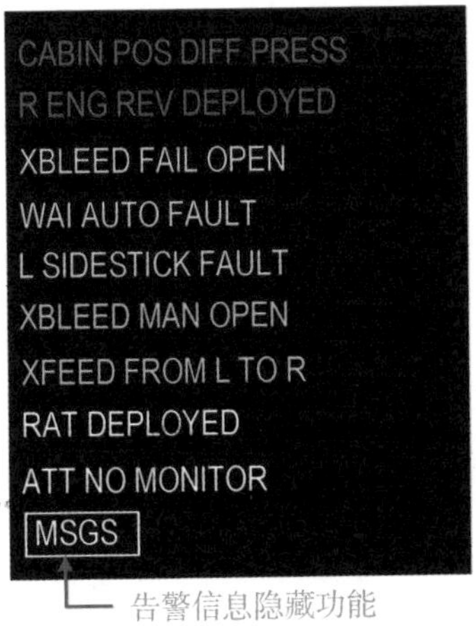

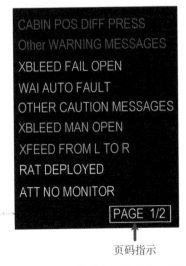

图 2 - 28　视觉告警信息隐藏/恢复功能　　图 2 - 29　页码/翻页指示功能

（3）主视觉告警触发及确认。

此功能用于为警告、警戒提供相应的触发信号以点亮主警告/主警戒（MW/MC）指示灯，为机组人员提供相应的视觉指示，如图 2-30 所示。

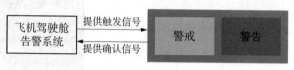

图 2-30　主视觉告警触发及确认

主警告灯需设计成与警告相同的颜色，当有警告告警在激活且是非抑制情况下时，告警功能就会发出触发信号驱动主警告灯闪烁。

主警戒灯需设计成与警戒相同的颜色，当有警戒告警在激活且是非抑制情况下时，告警功能就会发出触发信号驱动主警戒灯闪烁。

当告警功能接收到主警告/主警戒指示确认信号时，告警功能会发送指示触发信号以关闭相应的告警指示灯。

（4）音频告警管理功能。

音频告警包含音调（含主音响告警）与语音告警两种，音响告警应同时在驾驶舱扬声器和飞行员耳机里发出。音频告警的基本流程为根据当前告警列表中的告警激活和抑制状态及告警优先级排序规则，发送相应的音频告警请求给无线电接口装置（radio interface unit，RIU）并通过音频播放器向机组人员提供音频告警。音频告警文件存储在 RIU 内。音频告警逻辑如图 2-31 所示。

图 2-31　音频告警逻辑

为了避免影响音响告警效果以及对机组造成困惑和干扰，同一时间只能触发一个音响告警。当多个音响告警同时发生时，应最先触发具有最高优先级的告警。音响告警的优先级从高到低依次为时间关键告警级、警告级、警戒级、提示级、状态级。应该注意的是,在通常情况下,必须等一个音响告警完成后才能触发另外一个音响告警,但当新出现的音响告警需要机组立即进行响应时,可以中断当前激活的音响告警,触发新告警。具有高优先级的告警完成后,如果被中断的音响告警仍然存在,那么可以重新触发。音响告警的优先级会根据全机系统的告警重要程度进行排序。

a. 音频告警播放请求及打断功能。该功能根据当前告警状态将综合排序后的告警请求发送给 RIU,以实现音频告警的播放,并可以依据当前的优先级排序实现对正在播放的低优先级连续性音频播放打断,以保证飞行机组人员能够及时获取最紧急的告警信息。

b. 音频告警静音功能。该功能为机组人员提供了一种将所有音频告警静音的功能。若未按压静音按钮,则告警功能将正常地发送音频播放请求或打断请求;按压静音按钮之后,告警功能停止发送任何新的音频播放请求,并开始发送静音请求给 RIU,以使当前播放的所有音频告警停止播放。

c. 音频告警音量调节功能。音频告警应具有足够的音量以确保在最严酷的驾驶舱噪声环境下能被机组容易感知,但也不能过大以致干扰机组采取所需的动作。一般音频告警音量调节设计为可人工/自动调节,应确保人工/自动调节功能所能调到的最小音量在所有的驾驶舱噪声环境下仍能被机组感知。通常驾驶舱内使用自动音量调节,以确保音频告警保持合适的信噪比。

(5) 控制面板组件(CPA)指示灯触发功能。

以当前研究的机型为例,需要 FDAS 提供 CPA 指示灯触发功能,该功能提供了 CPA 的可视指示触发命令。当相应告警激活时,告警功能的触发命令通过远程数据集中器(remote data concentrator, RDC)转换为离散命令发送到 CPA,以点亮相应的指示灯。

(6) 飞行阶段的计算功能。

以当前研究的机型为例,需要 FDAS 提供计算飞行阶段功能,告警功能通过逻辑运算计算当前飞机所处的飞行阶段用于告警功能处理或其他系统功能需要。

（7）告警的同步与延时设计考虑。

告警可以由多种告警方式组合起来表现，为了避免给机组造成混淆或错觉，这些告警方式应该同步呈现给机组。一般而言，对同一个告警情况触发的告警信息应该同步，有关延时情况可以根据设计过程中的性能要求进行具体的分析后确定，比如视觉告警和音响告警、两侧飞行员位置的告警信息。

a. 警告级别的告警引起的主视觉告警和音响告警之间的同步与延时。

b. 警戒级别的告警引起的主视觉告警和音响告警之间的同步与延时。

c. 由于告警信息应同时通告给机长和副驾驶，因此两侧飞行员位置的告警信息也需要同步与延时。

（8）设计要求。

a. 一般要求。CAS窗口用于中央化、集中化地显示机组告警消息。有别于传统离散式、分布式的系统告警布局，CAS窗口的交互设计应考虑显示和控制两个方面。CAS窗口的交互设计应首先符合驾驶舱设计理念和操作概念。

b. 详细要求。

CAS窗口的底色一般选用黑色。

CAS窗口内的消息和通告应使用中号字，颜色为白色。

CAS窗口内应选择英文等宽字体，实现多条消息之间的对齐，以增加告警类和非告警类消息的可读性。

CAS窗口内的消息应采用左对齐的方式。

CAS窗口应按照警告、警戒、咨询和状态消息的顺序显示当前激活的消息，其中，警告使用红色；警戒使用琥珀色；咨询使用青色；状态使用白色。

警告消息应总是显示在第一页，且第一页的显示格式为PAGE 1/1。

同一类型的消息，应按照触发的时间先后、根源故障抑制衍生故障排序。

用于支持签派的消息，不建议分配在CAS窗口，推荐作为简图页的一个独立页面。

若除当前显示的消息之外,消息队列中还存在未被显示的消息,则 CAS 应给出指示。根据型号经验,应至少提供两种方式显示当前存在额外的消息,分别用于:消息未被隐藏前,使用页码,也符合 RTCA DO‐229D 的要求。页码的格式可为 PAGE XX/TT,其中 PAGE 和 XX 之间空一格;XX 的范围为1~99;TT 的范围为 1~99。消息被隐藏后,区别于页码,建议配套使用MORE 和 END。页码或者 MORE 和 END 应为互斥使用。

由于警告类消息不能被隐藏,当警告类消息的数量超过第一页的最大行数时,仅显示第一页的警告类消息。应明确指示消息被隐藏的状态。

根据对于中央仪表区的要求,当处于 CAS 窗口下方的起落架或者高升力系统指示处于防拥模式时,可将 CAS 窗口的有效显示行数向下延伸,以扩大单页的消息数量。

为与 CAS 系统正常工作且当前无消息触发的情形相区分,当 CAS 失效时,应在该区域明确指示。

CAS 窗口应支持翻页操作。翻页操作的物理器件应布置在飞行员前方,处于左右座飞行员皆可达的位置,推荐安装位置为集成在多功能键盘或遮光罩上。

应明确定义隐藏功能适用的消息范围,推荐只适用于警戒类、提示类和状态类消息。应支持对特定类型消息的隐藏和召回功能。

2.2.5　系统简图页

系统简图页(synoptics,SYN)是显示系统的一部分,通过图形的方式说明成员系统的架构以及系统组件状态,同时还提供系统组件失效状态提示。简图页所提供的成员系统信息有助于机组成员监控飞机系统的运行,并配合使用驾驶舱告警系统和检查单功能来判断和解决系统失效。

简图页软件包括简图页菜单,允许飞行员在不同简图页页面之间切换。如果一个系统发生了故障,FDAS 将向机载简图页软件发送指示信号。简图页面只用于显示信息,没有交互功能。简图页页面布局能够根据成员系统的指示提供态势感知。

在新一代飞机中，系统简图页通过 A664 网络从不同的飞机系统接收数据，并对接收到的数据进行处理，处理结果通过 A664 网络发送给显示单元。系统简图页使用 A661 协议支持显示。

2.2.6 电子检查单

1) 一般要求

电子检查单作为无纸化驾驶舱的重要组成部分，具有灵活、便利和自动化的特点，用于辅助飞行机组安全、高效地完成正常和非正常检查。

根据自动化的程度不同，电子检查单可以分为自感应式和独立式。自感应式用于感应飞机系统状态和开关位置。独立式仅响应飞行员的输入。

如果电子检查单支持正常检查单，则应支持全部正常检查单。如果电子检查单支持非正常检查单，则应支持全部非正常检查单。

除飞机制造商外，电子检查单的数据应易于航空公司修改。修改电子检查单数据的程序和工具应当避免引入错误。

应按照驾驶舱字体、字号和色彩的总体要求，结合具体所选用显示器的尺寸，开展电子检查单显示页面的架构和格式设计。电子检查单的页面架构和格式应遵循基本的人为因素原则，具体包括如下几方面：菜单的深度应少于或等于三层；应通过合适的信息编码（如字号、背景色）区分页面内的标题行和具体内容；单个页面的布局应支持用户自上而下，从左到右的操作习惯；所用的缩略语、符号和单位应与主显示系统保持一致；所含的图形用户接口控件的行为应与主显示系统保持一致。

2) 详细要求

ECL 建议使用无衬线字体。应使用英语句式，即每项的首字母大写，其余单词小写，缩略语除外。

有必要引起飞行机组注意的具体检查单项目包括未完成的/延迟的检查单

项目和 ECL 中需要完成的下一条项目。

可能有必要区分的检查单项目包括记忆项（可能需要在 ECL 显示前完成）和特别重要的项目。

设计 ECL,应首先在单色显示器上优化使用。色彩可作为冗余的特征以强调用户接口。不借助色彩而增加强调的方式如表 2-4 所示。

表 2-4　强调方式

强调方式	注　释
加粗	增加笔画宽度 适用于大部分显示器类型
反相显示	文本和背景颜色翻转 浅色文本深色背景的笔画宽度更细 适用于大部分显示器类型
闪烁文本	谨慎使用 仅用于需要立即响应的关键项目
斜体	使用效果取决于基本字体
下划线	下划线可能和小写字母的向下伸出部分相交,行间距不明显 增加显示密度导致文本更难阅读
加框或垂直线	应使用简单的直线,避免阴影或立体效果 可用于当前检查单项目

一段文字使用的强调方法不超过两类。在多数情况下,一种强调方法足够。应确保强调文本能与章节标题的显示惯例明确区分。

强调方式应与驾驶舱其他显示保持一致并考虑纸质检查单的惯例。

符号能够清楚表明检查单中每个项目的状态。例如,在每个项目前布置一个单选框,并以对勾符号表示完成。可使用光标、外框或箭头指示当前项目。可使用星号作为延迟项目的标记。所用的符号可以不限于本节的示例,但无论选择何种符号,应做到使用一致并且其含义与机组的预期相符合。

通常不建议在 ECL 中使用象形图,因为其需要较多显示空间才能易于辨识。此外,不同飞行机组对于象形图含义的理解也会存在偏差。应首先在单色显示器上进行页面优化设计,这将提高照明条件不足和应急情况下的页面可读性。ECL 所使用的颜色不应超过 6 种。颜色的选择应符合如下要求:应在所有运行条件下易于辨识;颜色的使用应保持一致;一个颜色对应一个含义;用户不能更改色彩的惯例。

普遍使用颜色用于区分项目的状态,如表 2-5 所示定义了几种颜色的使用要求。

表 2-5　几种颜色的使用要求

颜色	使　用　要　求
红色	用于指示警告级别的条件
琥珀色	用于指示警戒或戒备级别的条件
青色	用于指示机组设备的目标值或者光标的聚焦
绿色	用于指示已完成的项目或者系统处于正常工作状态
白色	用于指示待完成的、激活的项目
灰色	用于指示未激活的项目

ECL 项目的布局应尽可能地与对应的纸质版本保持一致。纸质版本和电子版本的行长和页面尺寸会有不同,但标题的使用应保持一致。

每一页面的顶部是标题,通过某种强调方式(如加粗)与其他文本以示区别。当一个检查单因为太长而超过一页,应给出某种指示以表明总页数和当前页数。位置指示一般位于页面的底部,应清楚地表明检查单的结束。

页面密度不应超过 60%,即字符的占位之和不应超过所有可用字符占位的 60%。当一个检查单包含多条指令时,其文本应是左对齐。完全对齐的文本会造成单词之间间隔不均匀,从而增加文本的阅读难度。检查单的格式也可采用表格,如采用两列的表格。

(1) 第一列是"提问":通常是和动作有关的系统、控制器件或者参数名,如"显示控制板上简图页按钮""进近速度"等,左对齐方式。

(2) 第二列是"响应":通常是提问中系统、控制器件或参数的所需状态或数值,如"按下"或者"Vref+10",右对齐方式。

页面的布局应能清楚地表明提问和响应的对应关系。建议采用点划线或相似的方式连接提问和对应的响应。

提问和响应的措辞应清楚地表明飞行机组所需执行的动作。

应当尽量将检查单的每条项目控制在一行内。当检查单的项目多于一行时,检查单项目之间的行距应当大于检查单单个项目之内不同行之间的行距。

当一个检查单按块划分时,其布局应清楚地表明每个指令块的起止位置。

应避免一屏显示两个或两个以上的检查单。

组织检查单的最常用方法是区别和隔离正常检查单、应急检查单和非正常检查单。如果需要,也可以按照 ATA 章节或者字母顺序组织检查单。

某些检查单的选择可能迫切需要快速完成,如应急撤离和中断起飞检查单。可以将类似的检查单放在一级菜单或通过专用的功能键访问。

检查单菜单结构的设计应做到:减少打开每个检查单的平均时间或击键次数或光标移动距离;尤其减少打开应急检查单的时间或击键次数或光标移动距离;当某个检查单在使用时,应将访问下一个最可能的检查单的时间或击键次数或光标移动距离减到最少。

针对有通告的告警,ECL 中检查单的顺序应与 CAS 窗口中 CAS 消息顺序保持一致。

若 ECL 系统能够感知飞机状态,可以在检测到故障后自动地打开正确的(或者最可能正确的)检查单,其优点是降低机组工作负荷并减少选错检查单的机会,不足是可能会影响机组的情景意识。

故障检测之外,可以采用延时、触发(高度或飞机构型)的方式自动地显示某个检查单。

若 ECL 具有独立的告警声音,则仅应用于:告知飞行机组 ECL 自动打开了一个检查单;告知飞行机组某个检查单的完成存在错误,建议为咨询级别。

受限于驾驶舱显示面积,许多检查单包含的项目都超出一页的行数。可以通过翻页或者滚动实现一个检查单内的移动。

翻页操作，移除当前页上的文本，取而代之新一页的文本。通常，翻页操作与"next"和"previous"或"forward"和"backward"等命令配合使用。

滚动通常是逐行地移动文本，即屏幕底部新出现一行，则屏幕顶部消失一行。一般有两种滚动形式：

（1）"相机式"滚动。向上意味着窗口相对于文本向上移动，从而将显示检查单中位置靠前的项目。

（2）"胶卷式"滚动。向上意味着文本自身向上移动，从而将显示检查单中位置靠后的项目。

通常，"相机式"滚动更自然和直观。但是，应考虑驾驶舱其他系统的显示方式，避免飞行机组应对两种不同的滚动形式。

可通过滚动条实现滚动操作。若采用滚动条，应布置在所显示项目的右侧。可采用矩形符号代表在当前检查单中的相对位置。可采用拖拽或按键的方式浏览整个检查单。

在非正常和应急情景中需要判定操作程序的分支条件。ECL 中提供两种标准的方法代表具有分支的程序：

（1）仅显示"正确的"分支，即仅为飞行机组提供所需的信息。有助于降低屏幕信息拥挤，减少飞行机组分心。缺点是若飞行机组无意中做了一个错误的选择，较难从该错误中恢复。

（2）以更突出的方式显示"正确的"分支，如错误分支的文本颜色变灰。此方式有助于飞行机组保持情景意识但会导致屏幕上过多的信息。并且允许飞行机组在必要时重新召回已选择的分支。

基于光标虚拟操作的场景，完成检查单项目的基本方式是：将光标聚焦到待完成的项目；单击待完成的项目。

对于自感应的系统，应区分飞行机组手动完成的项目和系统自动完成的项目，这样有助于飞行机组保持情景意识。自感应的系统应可以提醒飞行机组哪些项目虽完成了检查但系统并未激活,这时应向机组提供超控或者延迟项目的手段。

对于已完成的项目,不建议将其立即移除,自动翻页除外。飞行机组应能够检查甚至修改已完成的项目。

应在每班航程之后手动或者自动重置所有检查单。飞行之间的检查单自动重置需要仔细判断。

ECL应能够提醒飞行机组有未完成的项目。自感应系统可以在某个飞行参数达到临界值时提醒飞行员完成某个特别动作。非自感应系统可以在某个预设的时间后(如内部计时)提示飞行员需要完成的项目。

延迟检查单或者近似的设计特征可以减轻飞行机组的记忆负担。ECL应能够在之后飞行中的合适节点自动显示延迟项目。

当一个未完成的检查单被挂起时,应存储该检查单中每条项目的状态。这样当飞行员返回到原检查单时,所有项目的状态与中段前保持相同。另一个(当前)检查单的动作可能会影响到存储中的检查单的项目状态。在这种情况下,应通过内部逻辑改变存储中检查单的有关项目的状态以反映另一个(当前)检查单的变化。

在一个检查单的所有项目完成后,ECL应显示类似"checklist complete"的消息。

应在检查单题目后显示该检查单的状态,至少包括完成、未完成、超控和延迟。

自感应的系统可以提供检查单的优先级选择,如允许更严重故障对应的检查单打断当前正在进行的检查单。这种智能化的特征需要符合驾驶舱顶层设计理念并且对多系统的集成能力提出了更高要求。

2.2.7　驾驶舱显示系统相关控制设备

2.2.7.1　电子飞行指示控制设备

电子飞行指示控制功能很多,但需要设计成硬控制器的都是那些需要快速响应、频繁交互的功能。一般包含气压基准选择、进场决断选择、综合监视叠加选择、飞行速度矢量指示选择、米制气压高度选择、ND 距离圈等。

气压基准选择一般包含英寸汞柱和毫巴两种气压单位选择、气压基准选择、标准海平面气压快捷键功能。

进场决断选择一般包含无线电高度和气压高度两种运行类型选择、决断高度选择功能。

综合监视叠加选择一般包含气象信息、地形信息、空中交通信息三类。其中,由于气象和地形信息的外观非常接近,两者必须是互斥关系。

有些机型会根据 ND 距离圈选择的半径数值自动切换导航地图背景和机场地图背景。

2.2.7.2　显示格式选择

显示格式选择功能是为了在多功能显示窗口上调阅那些只需分时显示的功能,典型的如 ND、FMS、数据链、ECL、SYN 等。此外,中央操纵台显示器上一般用于显示交互实时性要求不高,但要方便飞行机组交叉确认的显示格式,如 FMS 和 ECL 等。这些显示格式的一些常用或快捷操作功能也可以临近中央操纵台显示器布置(如直飞某个航路点、确认执行飞行计划、返回到电子检查单的总结页等)。

主仪表板上的显示格式选择一般布置在遮光罩上,而中央操纵台显示器的则布置在其周边。

2.2.7.3　光标控制设备

光标控制设备(CCD)是驾驶舱集成虚拟控制的主要控制接口之一。在日常操作中,它通过对光标的控制和选择与显示器上的 GUI 控件进行交互。同时,它还可结合 MKB 完成数字、字母、特殊符号的编辑功能。

由于需要结合 GUI 完成交互任务,适用于此种交互方式的操作任务具有功能复杂多样、步骤多、频率高、实时性要求较低、功能安全性要求较低等特点,因此 CCD 不适用于直接稳定和控制飞行姿态、轨迹的功能。

CCD 的功能主要包括光标轨迹的控制、光标选择（类似于 PC 鼠标的左键点击）。考虑到左右座两侧都需配置 CCD,以及人的左右手操作习惯,且在遇到颠簸时,飞行员会下意识地抓紧 CCD 的握把。因此,一般会在 CCD 握把的两边各配有一个光标选择键,它们的功能相同。同时,避免使用双击、甚至三击的操作行为来控制特定的功能。否则,这将在遇到飞机颠簸时会带来操作结果的不确定性。

在一定的 GUI 交互规则下,CCD 设计应满足如下条件:

(1) CCD 上的按键、指示灯或旋钮等控制器件的功能应从属于 GUI 交互流程中的必要环节。

(2) 在仅使用 CCD 的情况下,CCD 也可完成 GUI 各种控件的所有交互流程。

(3) 由于 CCD 可与所有页面上的 GUI 控件交互,为了提高飞行员交互效率,降低工作负荷,CCD 的安装位置不仅要满足可达性要求,而且它的控制器件布局应按功能类别分区,并服从常用的交互流程和操作手型。为确保操作舒适,握把的外形应有利于手地握紧(如贴近操作手型的外形、防滑材料和表面处理等),但又不能压迫中位神经腕管,且尽可能地防止桡偏和择偏;CCD 应采用一定的防差错设计,如适中的操作阻尼、特殊的器件外形、足够的器件间距、恰当的操作反馈等。

2.2.7.4　多功能键盘

多功能键盘(MKB)也是驾驶舱集成虚拟控制的主要控制接口之一。在日常操作中,它结合 CCD 控制光标并选择输入数据。

与 CCD 同样的原因,MKB 不具有直接稳定和控制飞行姿态、轨迹的功能。数字、字母和特殊符号的编辑功能是 MKB 的主要功能,这些功能主要包括数字、字母和特殊符号的输入、删除、清空以及确认功能。除此之外,MKB 应包含控制光标移动和选择的功能,一般采用一组按键,并且应能够直接控制光标快速定位到 GUI 控件上。这种设计是为了在 CCD 失效后,飞行员仍可使用

MKB 实现交互需要，提高飞机的签派能力。

MKB 一般安装在中央操纵台上 CCD 的前方，这样可以方便手在键盘和 CCD 握把之间往返。

应确保 MKB 的功能与 CCD 功能既能够相互隔离又可以完全冗余。

在一定的 GUI 交互规则下，MKB 设计应满足如下条件：

（1）MKB 上的按键、指示灯或旋钮等控制器件的功能应从属于 GUI 交互流程中的必要环节。

（2）在仅使用 MKB 的情况下，MKB 也可完成 GUI 的各种控件的所有交互流程。

（3）为了提高飞行员交互效率，降低工作负荷，MKB 的安装位置不仅要满足可达性要求，而且它的控制器件布局应按功能类别分区，并服从常用的交互流程。

（4）MKB 应采用一定的防差错设计，如适中的操作阻尼、特殊的器件外形、足够的器件间距、恰当的操作反馈等。

在键盘布局方面，应根据常用的使用顺序决定各区域的相对位置关系。

一般键盘布局如下：

（1）当字母区和数字区横向排列时，字母区在左，数字区在右。

（2）键盘上的字母键应按字母顺序排列或采用 QWERTY 格式排列。

（3）使用单独的数字键盘，则键应按行或 3×3 矩阵的顺序排列，底部为零，如图 2-32 所示。

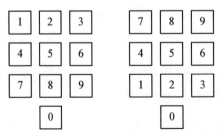

图 2-32　电话式（左）和计算器式（右）的数字键盘布局

（4）如果使用非字母、数字类的特殊字符或者功能键，则可提供专用键，包括专用的外形尺寸和区域［如空格、斜杠（/）、正负号键（＋/－）、"清除"和"删除"等］。如果键盘空间有限，则可将特殊字符按键排列在字母按键之后。

（5）"清除""删除"和"确认"按键可以成组布局。

（6）"清除"和"删除"可以合并为同一个按键，但应采用不同的操作方法以示区分（如按压时间的不同）。

（7）排列在数字按键周围的特殊字符按键仅限于"."和正负号键。

（8）控制光标移动的按键应成组布局，至少包括前、后跳转功能，而上、下、左、右跳转功能最佳。前、后跳转应左右水平布局，上、下、左、右跳转应按照各自对应的方向布局。

（9）应使用额外的标识标记"E""W""S""N"，因其分别代表"东经""西经""南纬""北纬"，并常用在飞机或航路点位置的设定上。

2.2.8 平视显示器与视景增强

2.2.8.1 平视显示器

平视显示器（HUD）是目前普遍运用在航空器上的飞行辅助仪器。20 世纪 60 年代，HUD 系统首次引入飞机，最初一直用作军用飞机的主飞行显示器，主要提供武器的瞄准信息。后来用于提供制导和飞行数据，使得飞行员可以无须交替观察舱外目标和舱内的仪表信息，而且几乎无须改变眼睛的焦距，就能保持对全部飞行关键参数的情景感知，同时保证信息的可视性不会受到座舱内光线变化的影响。

HUD 系统这一特性，可以降低飞行员察看仪表的频率，避免因视觉中断导致的操作失误和反应迟缓，并在一定程度上提高了飞机的安全性。自 20 世纪 80 年代起，HUD 技术开始应用于民用干线飞机，并发展成为驾驶舱内重要的组成部分之一。对于民用航空而言，HUD 系统不再用于在空战中抢占战机，而是有效地增强飞行员的情景感知能力，提高飞机的飞行品质和低能见度条件下的运行能力,大大降低飞行员在复杂环境下出现人为操作及判断失误的概率。

中国民航引进 HUD 系统的时间较晚,目前主要是波音公司和空客公司在中国已有机型上的加装。2012 年 8 月,中国民用航空局在下发《飞机平视显示器应用发展路线图》计划中,提出了三阶段实施路线规划,最终将在 2025 年前完成在所有适用的飞机机型上安装 HUD 设备,以提升飞机在各类天气条件下的安全运行能力,提高机场的运行保障能力,减少地面设施的投资。

1) HUD 投射原理

在当前技术下,所有的 HUD 系统都至少需要一个图像源以及一套光学系统,将图像源产生的图像信息投射到光学的无穷远处。HUD 投射原理如图 2-33 所示,飞行员可观察到的显示图像是经一套光学系统校准后,再通过一套半透明部件(组合镜)反射至飞行员视线中的图像。组合镜以一定的角度安装在飞行员设计眼位与飞机挡风玻璃之间,而组合镜上的特殊涂层既能反射来自 HUD 系统的图像信息,同时也能透射出舱外的真实景象,因此飞行员可看

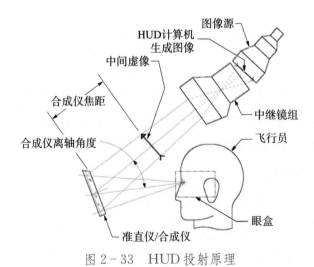

图 2-33 HUD 投射原理

(来源:https://www.embitel.com/blog/embedded-blog/how-combiner-glass-in-head-up-display-hud-works)

到被叠加在外部世界图像上的字符。由于图像经过了校准,只要飞行员头部运动在一定的范围内(用于定义设计眼位的三维空间区域,称为眼盒)就可以观察到的显示图像均与外部世界保持完好的对准。例如,在整个飞行过程中,飞行员在 HUD 图像上看到的地平线应与实际外部世界中的地平线保持重合。

2)主要功能

典型的民用航空 HUD 系统,主要包含以下的组成部件:一台 HUD 计算机(用于数据收集、显示管理和图像生成),一部投影仪(也称为架空式单元,与 HUD 计算机接口,接收数据并转换成图像投射出去),以及一台组合镜(在光学无穷远处对中继图像重新成像,供飞行员观察)。HUD 系统安装状态如图 2-34 所示。在民用飞机中,投影仪通常置于飞行员头部上方,组合镜连接至驾驶舱顶部,在不需要使用时,可置于折叠状态;在遭遇特殊情况需要维护时,组合镜也可拆除。

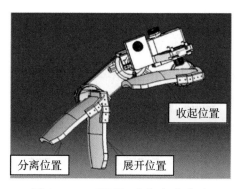

图 2-34　HUD 系统安装状态

如图 2-35 所示,HUD 系统可为飞行员提供几乎主飞行显示器(PFD)画面中的全部重要飞行性能参数(空速、姿态、高度、航向等)。并且,这些飞行性能参数的表现方式和格式布局都与 PFD 画面非常相似,从而有助于飞行员在两个仪表之间的信息同化和信息转换。由于 HUD 画面的特殊性,即 HUD 画面通常只有绿色一种颜色,因而无法使用颜色特征来完成信息的编码,但可采用字符的大小、标识或反色等方式替代。

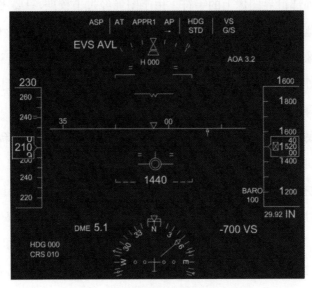

图 2-35　典型民用平显画面系统

　　民用飞机采用 HUD 技术的一大优势,在于其具有的显示信息可叠加于外部世界图像的能力,这一点在显示飞机的航迹信息时尤为明显。飞行员能够通过 HUD 画面上的航迹矢量及其他航迹相关的提示信息(目标航迹、速度偏差等),精确地手动控制飞机按照预定航路飞行。在常规情况下,使用 HUD 系统,飞行员可保持航向偏差不超过 2°,高度偏差不超过 50 ft,俯仰角偏差不超过 0.5°,但若飞行员使用下视显示器(PFD 画面)中的航迹信息进行手动控制,这样的控制程度则很难实现。

　　在低能见度进近的时候,飞行员使用 HUD 系统可更加精确地沿预定的下滑道飞行,并在到达着陆点之前及时修正可能发生的偏航或侧滑。飞行员的注意力可始终保持集中在外部世界并被明确地引导至目视要求的点(决断高度),从而尽早获取跑道可视范围信息,如不能满足最低限度标准要求,那么飞行员可迅速果断地中断进近并复飞。当前中国民航使用的 HUD 系统最低运行标准如表 2-6 所示。因此,飞机如配备 HUD 系统,则可在Ⅰ类仪表着陆系统上实施Ⅱ类运行,或者降低Ⅰ类最低标准的运行。飞行机组在经过特定的培训后,在有适当着陆设备的机场上,配备 HUD 系统的飞机可具备Ⅲ类运行的能力而不需要自动驾驶功能。

表 2-6　当前 CAAC 使用的 HUD 系统最低运行标准

精密进近类别	决断高度(DH)/m(ft)	跑道视程(RVR)/m	仪表着陆系统(ILS)
CAT-Ⅰ	不低于 60(200)	不小于 550	Ⅰ类仪表着陆系统
特殊 CAT-Ⅰ	不低于 45(150)	不低于 450	Ⅰ类仪表着陆系统
CAT-Ⅱ	不低于 30(100)	不低于 350	Ⅱ类仪表着陆系统
特殊 CAT-Ⅱ	不低于 30(100)	不低于 350	Ⅰ类仪表着陆系统

3) 发展趋势

近年来,中国多地区机场出现因严重的雾霾天气造成飞机无法正常起落而引起的航班延误现象,而 HUD 系统的使用则非常有助于航空公司应对特殊的天气环境,能够有效地降低飞机运行标准,降低特殊环境(如起降或复杂气象条件)下出现人为操作及判断失误的概率。而加装双侧的 HUD 系统,也将成为一种趋势。当前民用飞机驾驶舱布局设计通常为对称的,机长既可以选择坐在左侧也可以坐在右侧,且操作飞机飞行(执飞)的可以是机长也可以是副驾驶。加装双侧 HUD 系统后,能够极大地方便飞行员的操作,不会约束机长或副驾驶的位置与任务分工。同时,加装双侧 HUD 系统后,非执飞侧飞行员也可通过 HUD 系统实时监测,与执飞侧飞行员的情景感知能力保持一致,从而减小非执飞侧飞行员的工作负荷,进一步降低人为操作及判断失误的概率。

未来,HUD 系统在影像显示方面的改良可能包括采用全像摄影的显示方式,扩大显示影像的范围,尤其是增加水平方向上的视野角度,并且减少由于支架等硬件设备造成的视野限制和影响。此外,HUD 系统与新技术的结合,如目前已经开展的 HUD 系统与增强视景系统(enhanced vision system，EVS)的整合——增强飞行视景系统(enhanced flight vision system，EFVS),以及未来将持续发展的合成视景系统(synthetic version system，SVS)与综合视景系统(EFVS+SVS)等,是 HUD 系统未来最重要的发展方向,未来发展趋势如图 2-36 所示。

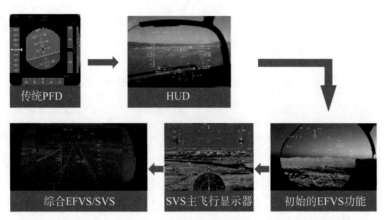

图 2 - 36 民用航空 HUD 系统的未来发展趋势

［来源：https://apkpure. com/a320-primary-flight-display-for-x-plane-10-11/net. avandro. a320. pfd(传统 PFD)；https://m. sohu. com/n/498273205/(HUD)；https://www. aopa. org/news-and-media/all-news/2019/june/pilot/falconeye-flying(初始的 EFVS 功能)；https://www. avbuyer. com/articles/avionics/what-s-synthetic-vision-and-why-s-it-important-112088(SVS 主飞行显示器)；https:// v. youku. com/v_show/id_XNDY0MjgzMjYwMA＝＝. html? refer＝shipinyunPC_operation. liuliling_ bofangqi_1244000_fQZ7Fj_18101900(综合 EFVS/SVS)］

2.2.8.2　视景增强

EVS 能够显示真实外部视景的视频图像。该系统运用成像传感器向飞行员提供前方外部景象地形图，包括前视红外、毫米波辐射测量、毫米波雷达和低亮度图像加亮传感器。传感器通常安装在航空器的前部，可以清晰捕获前方外景视野的位置。EVS 图像可单独使用，但目前更常见的应用是将 EVS 图像与 HUD 系统叠加使用，通过组合仪向飞行员提供跑道特征、周围地形以及障碍物特征等图像，被称为增强型飞行视景系统(EFVS)。

EVS 的视频图像可提高飞行员在夜间和低能见度条件下的情景意识，进而有效提高飞机的运行能力，如图 2 - 37 所示。FAA 已批准在使用 EFVS 运行(EVS＋HUD)时，只要飞行员可以清晰地辨识某些目视参考，直线进近时可下降到决断高度(decision altitude，DA)或最低下降高度(minimum descent altitude，MDA)以下、接地区标高的 100 ft 以上，而不是通过传统Ⅱ类或Ⅲ类进近的方式来实现，如图 2 - 38 所示。此外，EASA 规定，当飞行员使用 EFVS

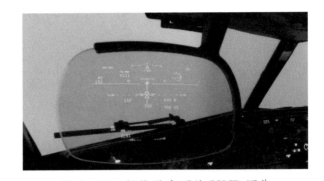

图 2-37　低能见度下的 HUD 图像

（来源：https://www.bjnews.com.cn/detail/155152539514838.html）

图 2-38　低能见度条件下使用 EVS 视频图像叠加后的外部视景

（来源：https://www.aopa.org/news-and-media/all-news/2019/june/pilot/falconeye-flying）

时，不允许降低 DA 或 MDA，但是可以允许降低跑道视程（RVR）的要求。在我国，新的机载系统（如 HUD＋EVS）加上可靠的仪表着陆系统（ILS），与低能见度运行程序相结合，经过中国民用航空局的特殊批准，可在原先支持Ⅰ类（CAT-Ⅰ）基本运行的跑道上实施Ⅱ类（CAT-Ⅱ）运行。

2.2.9　合成视景

在民用航空中，大约有 30％的空难事故都属于可控飞行撞地（controlled flight into terrain，CFIT），包括跑道入侵以及通常航空事故。其主要原因都是由于在飞行过程中能见度低,飞行员视觉受限,对地形/障碍物的态势感知能力不足所致。一直以来,恶劣的气候条件与低能见度既影响飞行安全,又影响全球航空运营能力,是各国航空业界正在着力解决的关键问题之一。为了解决这一问题,各国研究机构投入了大量人力和物力用于开发新的驾驶舱显示技术,而合成视景系统就是在这样的大背景下应运而生的。

PFD画面上的合成视景系统如图2-39所示,是一种显示计算机生成、驾驶舱视角的飞机外部地形图像的电子系统。该系统的主要实现方式是利用机载数据库(地形、障碍物、人工建筑物特征)及精确定位系统(如全球定位系统),并结合来自气象探测传感器提供的飞行显示符号、增强的视景传感器探测到的视频图像,由计算机综合处理生成飞机外部地形景象。合成视景系统通常用于PFD画面显示,利用模拟三维地形图的方式来取代传统的"上蓝下棕"的PFD画面背景,但合成视景系统的应用并不局限于此,该系统也可以用于导航/地图页面、电子飞行包甚至HUD中。

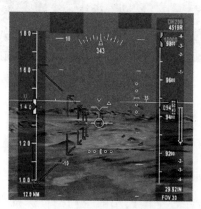

图2-39　PFD画面上的合成视景系统

(来源:https://en.wikipedia.org/wiki/Synthetic_vision_system)

经过国内外实验室、科研组织与研究机构近年来不断验证,已证明了合成视景显示器比传统格式显示器在增强低能见度气象条件下的飞机着陆的态势感知与提高飞行员操作能力等方面表现都更加优越。这一技术的应用可有助于解决或减少 CFIT、失控和跑道侵入类型空难事故的发生概率,特别是减少进近和着陆阶段的事故。同时,精准的综合图像可以增强飞行员视野,不但节省了飞行时间、降低了油耗、减少了废气排放,而且也能减少因恶劣天气造成的航班延误和取消数量,从而有助于解决空域拥挤的问题。

2.2.9.1　合成视景系统基本原理

合成视景系统不受距离、气候条件的制约,只需要可靠的位置信息(如 GPS 信息)、精确的地形测绘数据和强大的计算机存储与处理能力,即可将基于机载数据库的精确定位信息与传感器探测到的实际图像信息相融合。在飞行员无法直接通过驾驶舱窗口看清飞机外部情况的条件下,合成视景系统能够为飞行员呈现模拟的机外环境特征画面,这些显示信息是直观的,与飞行员在正常目视气象条件下所能看见信息的真实感保持一致。此外,系统还会为飞行员提供飞行导引指示,如地面引导、滑行地图、速度矢量、指令指引提示,以及因形状类似隧道而被称为空中隧道的航迹/航路指示等。这些指示指令有助于飞行员快速并精准地了解自身位置与相关地形、飞行路径/计划、障碍物等之间的空间关系,进而保持飞机在预定飞行航迹上、远离障碍物,减轻了飞行员工作量,并且极大减少了人工操纵飞行时可能出现的技术错误。

针对 25 部运输类飞机,美国国家航空航天局(National Aeronautics and Space Administration,NASA)的合成视景系统概念提出了下列系统组成,如图 2-40 所示。

(1) 合成视景数据库/传感器:主要包含飞机导航数据库、飞机状态数据库、气象雷达、雷达高度表、危险信息系统数据库、前视红外(可选)、毫米微波雷达(可选)等。

(2) 嵌入式计算:主要包括传感器成像转化、图像增强与融合、图像目标侦察、符号生成、完整性监视与告警、危险信息探测等。其中符号生成主要包括清晰真实的路径构图、危险信息元素综合显示与构图、跑道防侵入系统、支持短距着陆技术、导航与危险信息态势感知增强型显示要素、告警生成与提示、整体

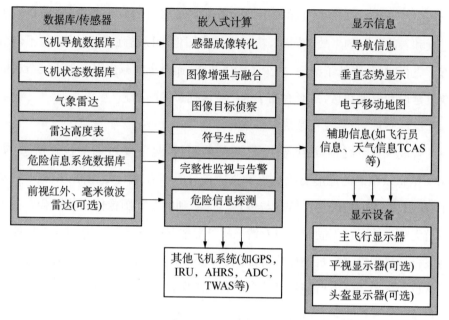

图 2-40　NASA 提出的合成视景系统组成

显示符号的生成与/或综合、完整性自监视与告警等。

（3）显示信息：主要包含导航信息、垂直态势显示、电子移动地图，以及辅助信息（如飞行员信息、天气信息 TCAS 等）。

（4）显示设备：主要包括主飞行显示器、导航显示器（可选）、头盔显示器（可选），以及 HUD 和其他驾驶舱显示器等。

（5）其他飞机系统：主要包括不同类型的全球定位系统（global positioning system，GPS）、惯性基准装置（inertial reference unit，IRU）、姿态航向基准系统（attitude and heading reference system，AHRS）、大气数据计算机（air data computer，ADC）、TWAS、无线电、雷达、ADS-B 以及激光测距仪（可选）。

2.2.9.2　合成视景系统未来技术发展

合成视景技术不仅被认为是 SESAR 和 NextGen 计划中的重要技术组成，也是 CAAC 推行的未来航行新技术应用中重要的发展方向之一。SVS 技术的全面应用与发展，将有效解决恶劣天气导致的航班延误。同时，飞行成本增加及低能见度飞行安全隐患等问题的全面解决也将指日可待。

目前合成视景技术多被应用于主飞行显示器,而未来合成视景的技术发展,将结合 EVS,形成组合视景系统(combined vision system,CVS)的理念。2010 年底,美国霍尼韦尔公司(Honeywell)和湾流宇航公司(Gulfstream)联合启动了关于新一代增强/视景系统的飞行测试计划,以进一步推动驾驶舱内的显示能力,该系统是增强飞行视景系统与合成视景系统的综合(EFVS+SVS),其中 EFVS 就是 EVS 在 HUD 上的应用综合。

CVS 是 EVS 和 SVS 技术的融合,融合后的图像可显示在主飞行显示器或 HUD 上。目前的典型融合概念如下:在高高度主要使用 SVS 图像,在低高度至地面主要使用 EVS 图像(使用如前视红外、毫米波雷达等实时成像的传感器为飞行员提供外部场景图像,以确认 SVS 图像的正确性,使飞行员早点"看到"跑道及周围环境)。根据不同的融合概念和具体设计,组合视景系统的应用也可能存在多种变化。但组合视景系统的预期目标是为飞行员提供补充的外部场景视图,在 SVS 技术的基础上加入 EVS 实时探测画面来保证图像的正确性,同时以 SVS 的地形数据库补充 EVS 的画面使之有清晰的天空和地面,让飞行员更容易区分出天地,以增强飞行员在低能见度情况下,特别是在终端区的最终进近阶段(低高度)对飞机周围地形概况、障碍物、跑道与飞机当前高度和航向/航迹的相对关系的情境意识。

目前,根据各适航当局(如 FAA、EASA、CAAC)的政策和规章要求,安装组合视景系统不能降低当前的运行最低基准。例如,无论飞机是否安装了组合视景系统,其适用的 IFR 进近最低基准或能见度降低情景下的滑行能力都应该是至少保持不变的。因此,也就无须针对 CVS 的使用制定专门的运行程序,飞行机组仍遵循当前的运行程序和公布的最低基准即可。此外,由于该技术仍处于新研发技术的阶段,已有的适航条款可能无法完全覆盖对组合视景系统相关设计的要求,根据以往经验及 FAA 网站披露的信息预测,针对该系统的设计和合格审定,未来很可能会通过专用条件或问题纪要等形式进一步明确审定基础和符合性方法。

2.3 驾驶舱显示系统架构及安全性

2.3.1 驾驶舱显示系统架构

任何电子飞行仪表系统(EFIS)的组成部件如图 2-41 所示,包括数据采集器/集中器、显示管理处理器、字符/图形发生器和显示单元。数据采集器/集中器用于采集来自其他机载系统的显示数据;选择最合适的数据源;执行数据完整性检查。显示管理处理器用于确定显示模式、子模式和显示的组成部分并将上述信息转换成图形数据和指令。字符/图形发生器用于构造字符和图形,包括以各种字体和字号显示的字母数字字符;专用字符、指针和图标;各种宽度和类型的线条;各种宽度和类型的圆、椭圆和弧线;阴影填充。显示单元包括显示器和显示器电子保障电路。

图 2-41　电子飞行仪表系统的组成部件

(来源: https://jbh.17qq.com/article/wnsqnfpny.html)

上述显示器部件可组成一套显示设备,常见的布局方式有如下四种。

2.3.1.1　非智能型显示架构

如图 2-42 所示,非智能型显示架构最初为民用航空电子显示系统采用,后发展成为大部分军用 CRT 显示系统的体系架构。显示单元仅包括全部必要的、显示设备自身用的支持和驱动显示器电子的设备。在机载环境下需要足够亮度显示的荫罩式 CRT 显示器,其图像必须以笔画法绘制,需要复杂、高功耗

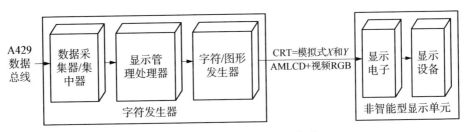

图 2-42　非智能型显示架构

的电子设备。字符发生器包含了全部的显示处理电子设备。

当显示设备为一台 CRT 时,字符发生器与显示单元之间的接口通常使用专用的模拟式 X 和 Y 轴波形构成,以描述 CRT 波束偏移以及描述字符和阴影填充颜色的数字式编码信号。该体系架构同样适用于采用有源矩阵液晶显示(active matrix liquid crystal display，AMLCD)技术的显示器,此时的接口很可能是传输红绿蓝(red/green/blue，RGB)编码信息的一条专用、高带宽数字视频总线。

2.3.1.2　半智能型显示架构

如图 2-43 所示,半智能型显示架构解决了显示单元为迎合显示器型别而需使用专用模拟/数字接口的问题。

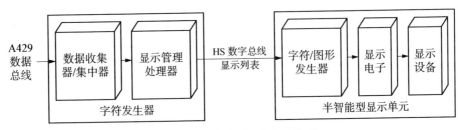

图 2-43　半智能型显示架构

图形发生器置于显示单元的内部(显示单元还包括非智能型显示体系架构所需的显示驱动电子设备)。显示管理计算机(display management computer，DMC)综合和图像编辑,形成一个"显示列表"指令,由显示单元内的字符发生器执行。

两个单元之间的接口是数字式的,可使用诸如高速 ARINC 429(简写为A429)数据总线之类的传统数字总线。该接口独立于显示技术,同样适用于CRT、AMLCD 或任何其他的显示介质。

2.3.1.3　全智能型(综合化)显示架构

图 2-44 展示了完全综合的全智能型显示架构。在此架构中,显示单元自身包括了所有与显示相关的电子装置。相对于 CRT 显示器而言,采用AMLCD 技术的体系架构更实用,物理上降低了外形尺寸、重量和功耗。此外,采用新的计算和图形处理技术也大大简化了封装和制冷配置。

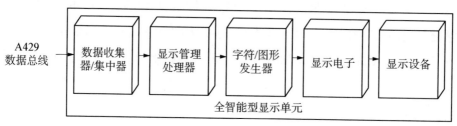

图 2-44　全智能型显示架构

2.3.1.4　综合模块化航电系统的显示架构

波音 777 飞机的飞机信息管理系统(aircraft information management system,AIMS)体系架构如图 2-45 所示,为一种基于模块化航空电子体系架构的综合智能型显示单元。6 台完全智能型的综合显示单元包含了全部管理、处理和发生显示格式的电子设备,显示数据来自通过高速 A629 数据总线传输的 AIMS机匣。该数据总线与全部显示单元连接,并使用 2 条数据总线保证冗余度。

该 AIMS 机匣提供了一个集中、冗余的处理资源,传统联合式体系架构中的航空电子功能由内部软件实现。通过复杂的软件操作系统保证了一种采用安全性、防护性分区的操作环境。

AIMS 机匣基于所剩余可用的处理资源,通过重构方式管理内部发生的故障,如前所述,显示单元故障通过组合显示格式的方式来对留下的显示单元进行管理。

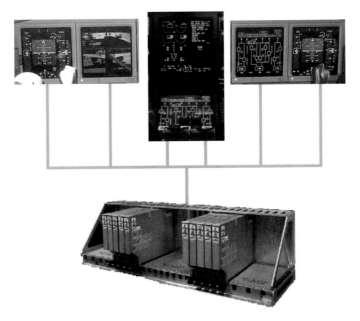

图 2-45　波音 777 飞机的 AIMS 体系架构

（来源：https://www.avionics.sciary.com/boeing_efis_concept）

2.3.2　基于安全性分析的驾驶舱显示系统架构设计

驾驶舱显示系统为机组提供安全飞行所需的飞行、导航信息和系统状态信息，根据 CCAR - 25.1309 条款开展功能危险性评估（functional hazard assessment，FHA），分析参数显示丧失或错误对飞机、机组和乘客的影响可识别关键的显示参数，失效影响等级定义和定量失效概率要求如表 2-7 所示。

表 2-7　失效影响等级定义和定量失效概率要求

	无安全影响	较小的	较大的	危险的	灾难性的
对飞机影响	对飞机运行能力和安全性没有影响	轻微降低飞机运行能力或安全裕度	较大降低飞机运行能力或安全裕度	极大降低飞机运行能力或安全裕度	妨碍飞机持续安全飞行或着陆
失效状态分类	V 类	Ⅳ 类	Ⅲ 类	Ⅱ 类	Ⅰ 类

117

对飞行机组影响	没有影响	机组使用正常程序,轻微增加工作负荷	机组使用非正常程序,身体不舒适且较大的增加工作负荷	机组使用应急程序,并处于危险状态,工作负荷极大增加,完成任务的能力极大降低	致命的或丧失能力
对乘客和客舱机组影响	不方便	身体不舒适	身体极度不适,可能受伤	少部分乘客或客舱机组严重受伤或死亡	多名乘客或客舱机组死亡
定性概率要求	没有概率要求	可能的	微小的	极小的	极不可能的
定量概率要求/fh	没有概率要求	$<1 \times 10^{-3}$	$<1 \times 10^{-5}$	$<1 \times 10^{-7}$	$<1 \times 10^{-9}$

通常将单个失效或组合失效影响等级为Ⅱ类及以上的显示参数定义为关键显示参数,通常包括空速、气压高度、姿态、航向、燃油量、无线电高度、飞行指引、仪表着陆、发动机主要参数、无线电导航和舵面配平信息等。此类参数显示的安全性需求需通过初步系统安全性评估分配至功能实现的各个环节,如源端系统、数据传输和终端显示器等,需设计合理的源端数据测量方法、数据传输协议和显示端数据选择逻辑等确保满足安全性需求。系统实现后需通过系统安全性评估过程对各环节的安全性需求和整体安全性需求进行确认,通过共模分析、区域安全性分析和特殊风险分析证明无单个失效导致灾难性的后果,确保系统的设计和安装满足适航要求。

显示系统的架构设计和安全性评估需重点关注以下问题:关键参数显示完整性问题;CCAR - 25.1333(a)条款要求的机长和副驾驶侧仪表显示独立性问题。

接下来以大气数据显示为例,描述显示系统架构对上述关键安全性问题的设计考虑。

2.3.2.1 传统显示架构

在传统显示架构下,数据源通常由三套独立的大气数据测量装置组成。在正常情况下,送往机长和副驾驶侧的数据源是相互独立的,以满足 CCAR -

25.1333(a)条款要求。当正常数据源失效时,机组可通过控制按钮手动切换显示的数据源。如图 2-46 所示,提供了一种大气数据显示架构应用示例。在正常情况下,左侧主飞行显示(PFD CAPT)从第一套大气惯导源(ADIRU 1)获取大气数据信息,右侧主飞行显示(PFD F/O)从第二套大气惯导源(ADIRU 2)获取大气数据信息。当某侧的主飞行显示上大气数据显示丧失时,机组可通过如图 2-47 所示的按钮,将该侧的大气数据信息切换至 ADIRU 3。当两侧使

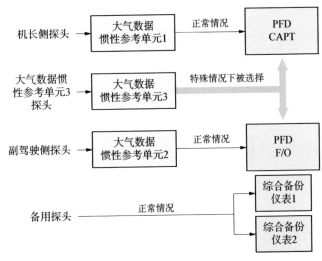

图 2-46　大气数据显示架构应用示例

图 2-47　大气数据源手动切换按钮

用相同的大气数据源时,应触发告警。

在传统显示架构下,系统层的设计需要有参数显示交叉对比,当检测到不一致时触发告警,应用示例如图 2-48 所示。系统层的显示监控应同时考虑显示失效后的监控功能重构,在某个显示器失效后,重构监控架构,确保监控功能可用,应用示例如图 2-49 所示。除了如图 2-48 和图 2-49 所示的显示端对比监控外,传统架构通常也会设计源端大气数据测量端的交叉对比监控,对静压、全压、空速等信息进行对比,在探测到不一致后触发相应告警。

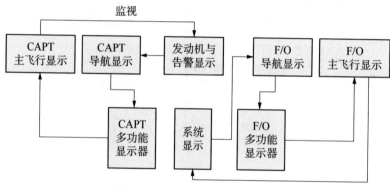

图 2-48 参数显示监控架构

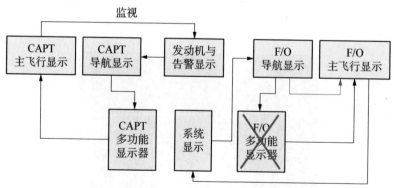

图 2-49 显示器失效后的监控架构

除系统层对比监控外,在显示器设备层通常需要设计有图像生成的完整性监控,以防止显示器生成错误的图像。常用的一种方案是在显示图像消隐区生成检测图像,在图像生成后将消隐区的检测图像反解成数据,并与原始数据做对比,以检测图像生成链路的完整性。图像生成完整性检测的另外一种方案是直接从显示的图像中提取关键显示信息,由监控通道根据关键数据单独执行绘图,并与从显示图像中提取的图形元素做对比。两种方案均应考虑图像监控和图像生成的独立性,开展共模分析,从设计、开发、制造、维修和使用等方面进行检查,确保无单个失效导致监控功能丧失和图像生成错误同时发生。

2.3.2.2　基于系统表决的综合显示架构

在表决架构下,三套全压、静压测量得出的全静压信息会在大气数据计算机(ADC)内进行表决,ADC 会按定义的表决逻辑选择全静压值,计算空速和气压高度信息,输出给用户系统使用。在表决架构下,ADC 输出的数据本身具有高完整性,通常无须在显示器端再设计交叉对比功能,机长和副驾驶两侧的显示器可根据不同的数据源选择顺序对 ADC 输出的数据进行显示。表决架构不满足 CCAR - 25.1333(a)要求的机长和副驾驶侧仪表独立的要求,需与 CAAC 协商,制定专用条件并通过安全性评估证明表决架构可以提供与传统架构相当或更优的安全性水平。在表决架构下应重点关注网络传输的完整性,如采用应用层循环冗余码校验(cyclical redundancy check, CRC)等。在表决架构下应设计与传统架构相同的显示器内部监控,以确保显示器正确的生成显示图像。

2.4　系统评价与试验

2.4.1　人机接口评价与试验

本节首先从飞机层面考虑人机接口评价与试验。

虽然人机接口评价与试验计划会部分分配到具体系统的确认和验证计划中,但为了能够覆盖所有的人机接口需求,还需单独做人机接口的评价与试验工作。人机接口的试验内容不仅要覆盖审定基础、满足任务要求，还需获得用户的认可。用户的认可高于适航要求和任务要求，客户的满意度就是对人机接口的评价。

在制订评价与试验计划时，应根据人机接口设计需求所对应的使用场景，考虑适用的评价方法和试验条件。

对于大型复杂系统的试验工作，必须寻找"增量式"评价与试验策略。

"增量式"评价与试验由众多子任务可用性测试完成，它需借助人机接口评价和试验工具完成。这些工具可以是全任务原型机，也可以是针对子任务搭建的模拟器。选择试验工具时还需考虑逼真度问题，这对于表明符合性有重要意义。

在适用试验或评价工具的基础上，应通过设计和串联每个使用场景，并由专业的参试人员根据评价和试验判据给出结论。

当设计和规划试验场景时，应考虑从正常条件和不利条件两方面开展综合试验或评价。正常条件覆盖所有的飞行阶段，是飞行机组在日常飞行和地面操作中面对的正常情况。此试验的目的是确保在全飞行阶段中人机接口能高效地完成预期任务。不利条件是指飞行机组通常不会遇到、但却可以预见的条件，一般源于设备失效或者环境条件异常（如恶劣天气、晴空颠簸）。此试验的目的是确保即使处于不利条件，飞行机组仍能够安全地执行操作任务。其衡量准则是不犯致命错误、能够操控飞机、有效控制工作量并及时地完成其他需要的任务。

场景的设计应考虑单一失效、多重关联失效以及不利条件下的失效，还需考虑复杂和高工作量的情景。高工作量条件包含分心、任务干扰和其他作用因素（如天气和空中交通管制指令）。

开发能反映飞行员各种专业技能的场景是试验和评价工作的关键，应确保试验和评价计划覆盖飞行机组绩效的各个方面。与人机工效和认知能力有关的场景设计需考虑以下方面：典型的正常任务和程序；典型的应急（非正常）程序;功能危害性分析与评估、失效模式影响分析和风险评估;最低设备清单;持续的安全飞行和着陆;飞机控制受强烈约束的情景和任务管理困难造成的复杂情景;天气和空中交通管制指令等;分心因素;飞行机组的心理模型。

在邀请 CAAC 或者用户参与评价和试验工作之前,飞机制造商应对技术和市场的现状与发展趋势有清晰地理解和明确地判断。这样才能提升评价和试验工作的效率。一般建议在系统综合试验和评价阶段再广泛邀请各方代表共同参与,特别是前期参与过子任务试验和评价的、了解项目状态的专家,以及具有代表性的用户。关于用户群体,应当充分考虑个体差异(如飞行技术、熟练程度)和文化差异(如国籍、公司和运行环境)。

在人机接口评价与试验工作中,应当包含以下类型的试验人员:

(1) 工程试飞员。由于他们本质上是掌握飞行技能的工程技术人员,因此可以贯穿设计过程的全部阶段,直至最终的评价和取证。

(2) 航线飞行员。他们是飞机的直接用户,有其他机型的使用体验,更适合评审操作要求和评价工作。

(3) 培训教员。他们来自飞行技术突出的航线飞行员,可借助他们的培训经验参与系统和控制器件的操作评估,识别潜在的培训需求。

(4) CAAC 飞行员。他们熟悉适航条款的要求,具有其他机型的审定经验。飞机制造商需要与他们在条款符合性方法和证据上保持沟通,并最终达成一致意见。

(5) 人机工效专家。

(6) 各系统的专家。

驾驶舱模拟器和真机是开展综合试验和评估的主要载体。对于复杂情景的任务,驾驶舱模拟器常常优于真机,因为模拟器的仿真环境更容易控制外部激励和再现复杂情景。模拟器还能够仿真不同类型的失效模式和非正常情景,便于衡量高工作压力下飞行机组的工作量,也更经济。

在测量试验数据的过程中,不应影响被试对象的正常行为。例如,测试工具不应增加机组工作量而影响总的任务表现。此外，建议选取具有一定普适性的衡量准则，以便直接对比不同任务的性能。还应当根据试验和评价的性质或目的进一步筛选适用的绩效衡量准则。因为，针对被试对象选取适用的衡量准则才能获得有价值的数据。

2.4.2　驾驶舱显示系统评价与试验

驾驶舱显示系统评价与试验重点关注功能实现的正确性、系统鲁棒性及防止出现非预期功能。正常功能试验通常通过分层试验的策略来确保测试覆盖度，系统鲁棒性主要通过开展鲁棒性测试检查系统的鲁棒性，对非预期功能的防护主要通过严格的双 V 过程保证，辅以必要的外部系统异常激励试验等进行设计和验证。

正常功能试验通常分为以下几个层级：

（1）软件级试验。主要通过仿真环境开展基于软件需求的测试，证明软件实现了预期功能，该层级测试应符合 DO - 178B 的结构覆盖度验证要求。

（2）设备级测试。主要通过外部仿真激励开展设备的功能测试，并根据需求定义的环境等级开展环境鉴定试验，证明设备实现预期功能且在预期的工作环境下可正常工作。

（3）系统级试验测试。主要通过系统集成验证平台（system integrated verification bench，SIVB）开展系统自身试验和系统间交联试验，证明系统按定义的接口要求实现了预期功能，系统间接口匹配。另外，在满足 CCAR - 25.1317 条款要求时，通常会开展系统级的高强射频（high intensity radio frequency，HIRF）试验，证明在 HIRF 环境下不会导致不可恢复的 Ⅰ 类失效。

（4）系统机上地面试验。通过开展机上地面试验，证明系统在真实的飞机环境下实现预期功能。

（5）系统飞行试验。通过开展飞行试验，证明系统在整个飞行包线内工作正常。

鲁棒性测试通常以 FHA 确定的失效状态为输入,针对 FHA 定义的失效影响等级为Ⅱ类及以上的失效状态,通过 SIVB 仿真失效,检查系统级响应是否符合设计预期。

针对高度复杂的民用飞机显示系统,很难通过分析和穷举测试的形式覆盖所有可能的系统行为,故通常采取过程保证的形式,在质量管理体系的监督下,在构型管理体系确定的基线基础上,开展严格的需求确认及验证,最大程度地减少或消除系统非预期行为。

2.4.3　两类评价与试验的关系

人机接口评价与试验属于综合性试验,其主要目的是验证和再次确认所有技术需求。试验和评价活动贯穿整个设计过程,但综合验证和确认是汇集驾驶舱的所有组件,以一个完整的人机交互系统开展试验和评估。

综合试验所用的驾驶舱实物应能在人机接口和系统两方面代表最终的飞机构型并允许试验人员根据试验目的自行配置。例如,可配置成最低设备清单构型。

由于驾驶舱显示系统已经成为驾驶舱里的人机交互平台,驾驶舱显示系统的评价与试验是整个驾驶舱人机接口评价与试验的关键组成部分,也是基础之一。应根据设计需求所对应的使用场景制订评价与试验计划。在考虑评价方法和试验条件时,尽可能地做到"平台"与"应用"之间的解耦,才能保证"增量式"评价与试验工作的有序开展。

3

驾驶舱显示控制系统集成

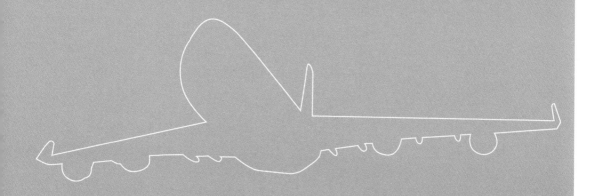

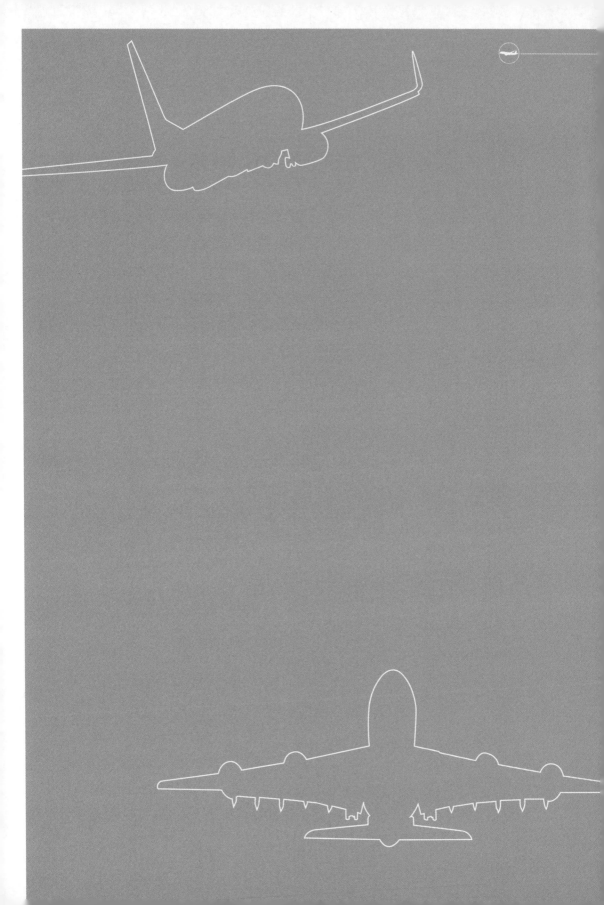

3.1　驾驶舱显示控制系统集成策略

3.1.1　显示控制系统集成

系统集成是一个将多个软件/硬件产品按照一定的接口、逻辑规范组合成具有目标功能性要求的产品的过程。显示控制系统集成试验贯穿于显控系统研制开发、运行使用到升级维护的整个生命周期,因此在系统设计初期即需充分考虑。

本书提到的系统集成主要是指整个系统开发周期中集成/验证阶段的系统集成工作,主要是将详细设计阶段开发的设备和子系统模块组合成完整系统,并完成外场可更换单元(line replaceable unit,LRU)间的联试工作,从而为验证阶段的验证活动做好准备。而对于软件/硬件的开发过程,其集成工作分别由软件/硬件的集成工程师完成。

3.1.1.1　显示控制系统集成目的

显示控制系统的集成是为了将多个最终产品正确集成到一个完整的显示控制系统中,并确保显示控制系统可以正确提供预期功能,即证明集成的最终产品按照每个最终产品和功能的需求规范执行其预期的功能;根据接口控制文件,证明最终产品在系统中的交互是正确的;证明整个系统按照系统的需求规范执行其预期的功能。

3.1.1.2　显示控制系统集成策略

通用的集成策略主要包括以下三种:

(1) 自下而上的集成。当较低级别的组件(软件/硬件)被设置为可以一起工作并根据定义的集成测试程序进行测试时,集成即开始。在某个级别上获得足够的置信度后,该级别的组件将合并为较大的单元。

(2) 迭代集成。自下而上的集成流程在多次迭代中重复进行,并在每个级别添加了附加功能。在早期的集成迭代中,并非所有功能(软件/硬件)都可用。

因此,将应用特定的变通办法,包括缺少功能的仿真、软件/硬件中的特定快捷方式、虚拟功能等。

(3)并行集成。并行执行多个较低级别的集成活动,并在较高级别上进行合并。这就需要有足够的测试设备。

如图3-1所示是显示控制系统的集成策略示意图,下面以该系统为例,具体讲述显示控制系统的集成策略。

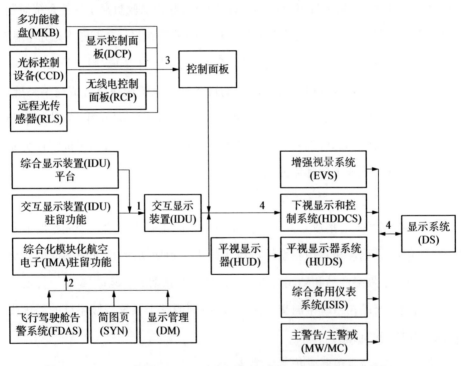

1—单产品集成台;2—迷你机柜;3—控制器测试设备;4—子系统开发实验室。

图3-1 显示控制系统的集成策略示意图

(1)显示单元的集成。系统验证团队应在集成显示单元之前确认显示单元的有效性。显示单元测试结果可以视为置信度确认的证据,也可以在交付显示单元平台后开始置信验证。显示单元平台置信度验证应包括物理检查、性能和功能测试。

需要注意的是,单个显示单元置信度确认应在显示单元验收测试期间完成。置信度测试的结果可以视为本节的结果。

显示单元平台通过置信度测试后,系统验证团队可以使用单显示单元集成设备进行集成。系统验证团队将显示单元平台和显示单元驻留应用集成到一个完整系统中。

(2)控制单元的集成。系统验证团队应在集成控制单元之前确认控制单元的有效性。控制单元测试结果可以视为置信度确认的证据,也可以在交付控制单元平台后开始置信验证。控制单元平台置信度验证应包括物理检查、性能和功能测试。

需要注意的是,单个控制单元置信度确认应在控制单元验收测试期间完成。置信度测试的结果可以视为本节的结果。

控制单元平台通过置信度测试后,系统验证团队可以使用控制单元集成设备进行集成。系统验证团队将控制单元平台和控制单元软件集成到一个完整系统中。

(3)显示单元和控制单元的集成。系统验证团队应该在显示单元和控制单元集成前确认各自的有效性。当显示单元和控制单元分别通过集成测试且各个集成数据可以提供置信度验证后,可以使用显示控制集成设备进行显示单元和控制单元的集成。

(4)显示单元和非内部驻留应用集成。显示单元除了显示内部驻留应用,也会显示其他非内部驻留应用,一般驻留在航电核心处理系统中,系统验证团队需要在集成前确认显示单元和外系统的有效性。在确认完有效性后进行集成。

(5)显示单元和控制单元及非内部驻留应用集成。系统验证团队在集成前确认显示单元、控制单元和外系统的有效性,在确认完后进行集成。

3.1.1.3　集成工作流程

(1)输入:在进行系统集成前,需输入以下条件。

a. 显示系统设计规范及技术状态文档。

系统需求文档包括系统功能需求、性能需求、接口需求(机械接口、电气接口、热接口等)、其他需求(维修性需求、保障性需求、环境适应性需求、可靠性需求、安全性需求、适航性需求等);系统设计文档和规范包括系统架构、原理示意图、安装图纸、零部件清单、质量流程符合性检查文件等;ICD;系统集成计划从系统设计阶段即开始制订,根据系统工程计划和实际工程状态进行不断修订,包括产品、系统团队建设、时间进度安排。

b. 待集成的产品及文档。

各供应商提供的低层产品,包括硬件设备、履历表、交付收据等;产品验收文档;产品接口定义;产品使用说明书。

系统集成过程的典型流程如图 3-2 所示,该图示意了系统集成工作中所需的输入及其来源、所产生的输出及其去向,以及涉及的活动。

(2) 系统集成准备。

系统集成试验环境要对系统的功能、逻辑、控制以及接口进行测试,以验证设计系统的耦合性、独立性、鲁棒性、系统精度、环境影响等参数指标,并通过性能参数、边界值、瓶颈限制条件测试调整、优化模型。

a. 集成试验环境需求文档:功能需求、性能需求、接口需求(机械接口、电气接口、热接口等)、其他需求(维修性需求、保障性需求、环境适应性需求、可靠性需求、安全性需求、适航性需求等)。

b. 集成试验环境设计:规定了系统集成工作开展的场所、环境及测试平台方案。其中测试平台设计包括集成试验平台架构、原理示意图、安装图纸、零部件清单、电缆线表等。

c. 集成试验环境布置:根据集成试验环境设计,布置试验场所,搭建测试平台。其中测试平台搭建包括电缆设计制作、零部件组装、软件平台安装等。

d. 集成试验环境调试:集成产品置信度确认指集成产品的置信度确认为了确保产品已经通过验收测试可以用于正式系统集成,包括接收来自供应商和成员单位提供的待集成的软件/硬件、检查设备外形及包装是否完好、核对设备履历表、验收测试报告等。开发测试用例程序指根据被确认的需求,开发集成

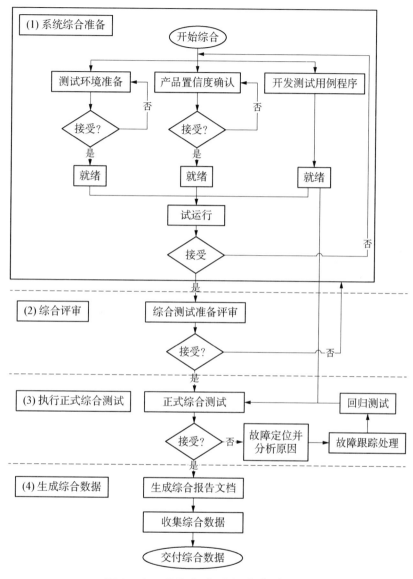

图 3-2　系统集成过程的典型流程

测试程序。试运行指执行试运行,确保集成试验环境准备,产品置信度确认和测试用例开发已经完成。

（3）系统集成测试就绪评审。

系统集成准备完成后,其工作所产生的输出物可以支持进入系统集成测试就绪评审,通过评审后,才可以进入正式集成测试,否则需要重新进行系统综合准备,直至达到要求。

（4）执行正式集成测试。

系统集成测试就绪评审完成之后,进入正式集成测试活动。系统集成活动是个反复迭代的过程,对于正式集成活动中发现的问题,需进行影响分析和故障定位,进行回归测试,最终形成一个符合完整功能要求的航电系统。

（5）生成集成数据。

a. 集成测试记录:正式集成测试形成的记录,需要入库。

b. 集成测试问题报告单:对试验中出现的问题进行实时记录、反馈并解决处理,完成问题报告单,包括问题描述、解决方法、闭环状态等。

c. 集成测试报告:完成系统集成测试后,整理书写系统集成报告。

3.1.2 显示控制系统验证

3.1.2.1 显示控制系统验证目标

证实所实现的显示控制系统遵从其规范和设计描述文档是十分必要的。显示控制系统验证流程的结果证实,不论通过实施执行还是通过集成得到的已实现系统,都遵从其特定需求,即证实目标系统通过验证。

显示控制系统的验证应保证对显示控制系统的显示控制正确性进行验证。验证过程的目标如下:验证是否已经达到预期的功能;验证是否已经满足需求;确保系统实施后安全分析的有效性。

3.1.2.2 验证方法

依据 SAE ARP 4754A《民用飞机与系统开发指南》,显示控制系统采用的验证方法包括检查或评审、分析、测试或证明、类比/运行经验。由需求验证组成员独立地给显示控制系统需求分配验证方法,用于验证研制保证等级 A 级或 B 级的实施工作,包括分析、检查或评审,还应包括某种形式的试验。表 3-1 列举了多种推荐的并可以接受的验证方法和数据,以及与研制保证等级之间的关系,这些方法所需的范围和覆盖程度也依赖研制保证等级,也可能受到已知的特定故障状态的影响。

表 3 - 1　验证方法和数据

方法和数据	研制保证等级			
	A 和 B	C	D	E
验证矩阵	R	R	A	N
验证计划	R	R	A	N
验证程序	R	R	A	N
验证总结	R	R	A	N
检查、评审、分析或测试①	R(一个或几个其他的方法)	R(一个或几个其他的方法)	A	N②
测试、非预期功能	R	A	A	N
运行经验	A	A	A	A

① 这些方法提供了相似的验证程度。可根据具体的系统架构或所实现的具体功能选择最有效的方法。DO - 178B/ED - 12B 和 DO - 254/ED - 80 定义了适用于软件和电子硬件的试验,这些试验是基于项目研制保证等级(item development assurance level, IDAL)来确定的。

② 根据需要表明安装和环境的兼容性。

(1)检查或评审。进行检查或评审的目的是证明系统符合其要求。四类典型评审如下:检查系统或项目是否符合既定的物理实现要求和工艺要求;设计评审,表明系统或项目如何在正常和非正常条件下执行;测试评审,确定测试用例对系统或项目要求的适用性;审核。

(2)分析。通过对系统或项目进行详细检查提供合规性证据。分析方法包括但不限于如下几方面:

a. 建模。复杂的确定性系统建模可以完全是计算建模,也可以是计算和测试的组合。

b. 系统分析。系统分析可以以文件记录的形式进行,包括但不限于系统安全评估及失效模式和影响分析。

c. 数学证明。采用数学分析验证各项需求。

（3）测试或证明。通过执行系统或项目来验证是否满足要求，从而提供可重复的正确性证据。测试或证明的特点是实现以下两个目标：

a. 证明系统或项目实施能够实现其预期功能，测试预期功能涉及对目标通过/失败标准的评估。

b. 确保已实施的系统不会执行影响安全问题的非预期功能。

（4）类比/运行经验。可以利用同一系统或与其相关属性相似的其他系统，从设计和安装评估及在其他飞机上证明运行经验符合要求的证据中推导出验证可信度。该方法应该利用记录的经验以及工程和可操作性判断，证明这些设备无待解决的重大故障。

3.1.2.3 系统验证流程

系统验证过程的典型流程如图3-3所示，该图示意了输入及其来源、输出及其去向以及涉及的活动。

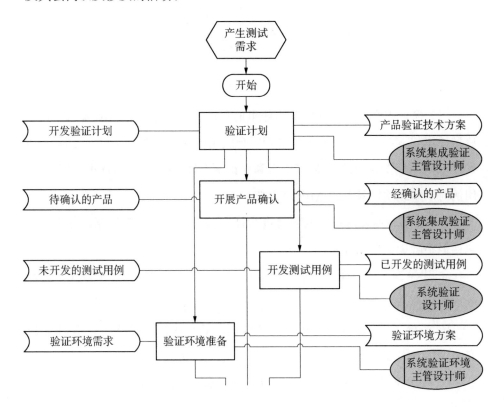

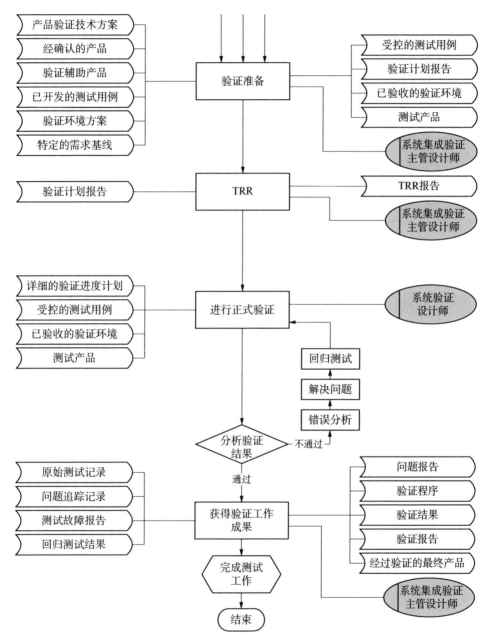

图 3-3　系统验证过程的典型流程

系统验证活动分为六个主要过程：验证计划、验证准备、进行验证就绪评审、执行验证、分析验证结果、获得验证工作成果。

（1）验证计划。

验证计划是系统验证制定计划重要的一步。由于系统验证大部分工作与系统需求分析及架构设计过程的活动并行开展，这一过程的起始点具有一些灵活性。进入准则如下：

a. 基线的功能危险性评估（FHA）及初步系统安全性评估（preliminary system safety assessment，PSSA）完成。

b. 系统需求已确认。

c. 有稳定的但不必是全部的功能接口定义的系统架构定义。

以下各项将输入到此活动中：工作说明书（statement of work，SOW），包含交付物说明、系统工程管理计划（system engineering management plan，SEMP）；FHA、PSSA、已确认的需求、技术方案、系统级接口、测试限制（飞行器、特殊设施等的可用性）。

在进行系统验证计划之前，并不期望这些输入是完整而且是最终的。但是需求、架构、接口等越成熟，就可以越早开发高效且有效的计划。过早启动此过程会带来计划变更和返工的风险。太晚启动则会对项目进度产生负面影响。初期的工作重点应放在制定并验证对系统验证过程起推动作用的关键需求及接口上。

（2）验证准备。

系统验证准备所要开展的工作如下：

a. 在系统验证准备中，收集和证实特定需求（设计方案流程的输出）。

b. 应依据适用的系统验证计划定义并记录验证程序，该活动开发验证程序包括测试用例、文本以及必要的支持文件。

c. 需要获得待验证的系统及验证所需的辅助产品和保障资源（确认的需求和设计方案定义活动的产物）。

d. 验证准备的最终元素，包括准备验证环境（如设施、通用测试设备、工具、仿真环境、测量仪器、人员和环境条件)。

系统验证的准备成果如下:

a. 已完成执行所计划验证的准备活动。

b. 适当的特定需求集合和相关支持技术状态文档已经准备就绪。

c. 进行验证所需要的验证程序已编制完成。

d. 按照验证计划与进度安排,进行验证所需要的物品或模型已经准备就绪,并组装与集成在验证环境中。

e. 进行验证所需要的相关资源已经按照验证计划与进度安排准备就绪。

f. 验证环境已进行充分性、完整性、预备性和整体性评价,即进行验收。

(3) 验证就绪评审(test readiness review,TRR)。

在进入正式系统验证前,应实施 TRR 并且以下项目得到满足:

a. 测试程序完成且符合测试计划。

b. 测试程序已经试运行。

c. 测试用例和测试程序纳入技术状态管理。

d. 测试产品功能完全正常并可用。

e. 所需测试资源准备就绪且可用。

f. 所有 TRR 行动项都已经过评估并输入行动项数据库中,而且行动项关闭计划已经过确认和批准。

g. TRR 里程碑完成,并且行动项关闭记录(如签署审核纪要)纳入技术状态控制;或得到书面授权才能在有风险的情况下进行,并提供理由和风险评估。有时需要用户批准才能关闭 TRR 行动项。

(4) 进行正式验证。

系统验证团队应依据适用的系统验证计划以及适用的验证程序进行验证,并遵从每个特定的验证需求。负责的工程师要确保验证程序得到遵守并按计划执行,验证的辅助产品已经经过准确校验,相关数据按照所需的验证指标进行收集和归档。

验证计划、验证环境及验证程序的修改应按照更改流程进行管理。系统验证活动是个反复迭代的过程,对于正式验证活动中发现的问题,需进行影响分析和故障定位,进行回归测试。

(5)分析验证结果。

一旦完成验证活动,所指派系统团队应收集和分析产品验证的结果,以识别并报告技术异常及报告与系统验证计划或验证程序不符合之处。这些数据用于分析质量、完整性、正确性、一致性及有效性。任何验证的差异、偏差或不符合条件的情况都需要识别和评审。

(6)获得验证工作成果。

系统验证团队应从系统验证活动中捕获工作成果。系统验证工作成果包括:

a. 验证程序。

b. 所做决策以及其基本原理。

c. 最终产品验证中所做假设。

d. 用来纠正所识别异常的措施。

e. 进行系统验证过程活动中获得的经验教训。

f. 问题报告。

g. 验证结果,包括所有原始数据。

h. 最终系统验证报告。

i. 更新的最终系统配置数据。

j. 更新的最终系统文件。

3.2 驾驶舱显示控制集成验证平台

3.2.1 显示控制系统测试验证平台架构设计

由于航电系统是高度模块化、综合化的系统,组成航电系统的设备众多,信号交联复杂,因此需要搭建显示控制系统测试验证平台,支持对航电系统设备级、分系统级、全系统级的集成测试验证。

显示控制系统测试验证平台需要基于半物理仿真技术、试验构型程控管理技术和自动化测试技术,采用综合化、模块化、自动化的建设思想,构建一套通用化的测试平台,以满足航电系统集成测试验证和未来型号扩展的需求。显示控制系统测试验证平台在提供综合化、模块化、集成化的解决方案的同时,还要保障系统测试验证平台的实时性、稳定性、易用性、高效性和扩展性。

显示控制系统测试验证平台设计用于各种用例,以对各种受试装置(unit under test,UUT)进行多种测试。它包含专门设计用于满足所有必需功能的软件/硬件组件。显示控制系统测试验证平台用于最终系统集成以及安装了所有飞机设备和运行软件完整菜单的显示控制系统的验证。它也将用于无法在单显示器测试验证平台上验证功能的 T4 级别的软件和系统验证。

显示控制系统测试验证平台包括以代表性方式安装和互联的显示系统设备(用于飞机安装)和测试系统,该系统模拟与显示控制系统进行通信的所有其他飞机系统。显示控制系统测试验证平台提供所有输入/输出(input/output,I/O)资源,以模拟显示系统的环境;提供所有 I/O 资源,以监视显示系统设备之间的内部总线流量;为平台安装的所有飞机设备提供电源;为所有设备的引脚配置提供离散输出;提供与显示系统通信的所有飞机系统的仿真;提供数据监视,记录,重放;提供自动和手动测试。如图 3-4 所示是显示控制系统测试验证平台的顶层功能架构。

测试台布局如图 3-5 所示。测试台包含 5 个机柜,分别是 2 个 I/O 机柜、2 个 UUT 机柜和 1 个电源/断路测试面板机柜。

I/O 机柜 1 包括的设备有电源分配器(power distribution unit,PDU)、电源启动面板、I/O 接插面板、以太网交换机、时间同步服务器、5 台实时计算机。

I/O 机柜 2 包括的设备有 PDU、3 台电源供应器、I/O 面板、A664 交换机、I/O 接插面板。

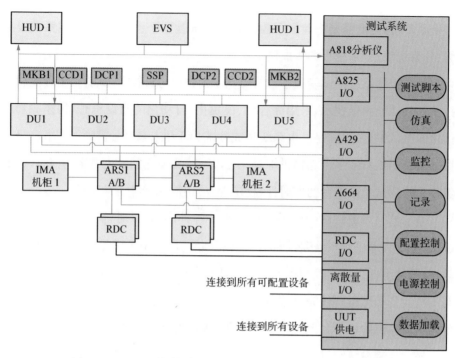

图 3-4　显示控制系统测试验证平台的顶层功能架构

图 3-5　测试台布局

　　UUT 机柜 1 包括的设备有 PDU、2 台 IMA 远程交换机、I/O 接插面板、2 台 IMA(包括内置交换机和处理单元)。

UUT 机柜 2 包括的设备有 3 台电源供应器、直流 PDU、2 台 IMA 远程数据集中器(RDC)、3 台电源交换单元。

电源/断路测试面板机柜包括的设备有 PDU、2 台电源交换单元、2 台直流 PDU、3 台电源供应器、接插面板。

显示控制系统测试验证平台的作用如下：环境模拟；验证所有显示控制系统 LRU 之间以及显示控制系统与其他飞机系统之间的通信；验证与显示系统相关的 IMA 配置(交换机、RDC、ES、CPU)。

显示控制系统测试验证平台针对涉及多个 LRU 的 T3/T4 要求正式验证；验证源选择和冗余机制；验证端到端延迟和其他时序要求；对等转换协议的验证；验证显示管理和显示恢复的正常行为；验证 A661 通信协议和源重选；验证故障情况(交换机、RDC、IMA CPU、IMA 机柜、IDU、控制板等的丢失)；验证电源(标称电压、最低/最高电压、超出范围的电压、电源瞬变、电源中断、电源总线丢失、电源连接丢失)；用于不同的配置和不同的操作模式。

3.2.2　单显示器测试验证平台架构设计

单显示器测试验证平台旨在通过平视显示器执行多种测试。单显示器测试验证平台是用于航电显示系统设备测试、调试、数据加载的专用设备，为被测试设备提供供电、信号激励与采集，并支持测试用例的运行和编辑。

单显示器测试验证平台提供 A664 A/B 网接口的仿真测试功能，ARINC 825(简写为 A825)A/B 总线接口的仿真测试功能，A429 总线接口的仿真测试功能，离散量信号的仿真测试功能，RS232 串口调试功能，以及具备 ARINC 615A 加载功能的扩展。

单显示器测试验证平台能够支持交联的被测试设备包括 1 台 IDU、1 台 DCP、1 台 CCD、1 台 MKB、1 台 RCP 和 1 台 IMA，并且可以通过 IDU 线缆的 ARINC 818(简写为 A818)接口连接 HUD。

单显示器测试验证平台可以用于以下场景：单个 IDU 软件/硬件开发与

综合;单个 IDU 与单个控制板的集成测试;单个 IDU 与单个 IMA 机柜的集成测试。

单显示器测试验证平台架构如图 3-6 所示,主要包括以下几个部分: 总线通信控制主机、配置管理主机、电源系统、I/O 模块、A664 交换机和调试交换机、接口面板、测试控制面板、测试线缆、软件开发验证测试软件。

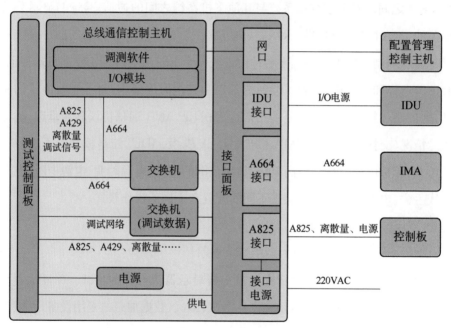

图 3-6　单显示器测试验证平台架构

单显示器测试验证平台各部分主要功能描述如下:

(1)总线通信控制主机安装各个 I/O 模块,负责与被测试产品进行总线通信。

(2)配置管理主机运行软件开发验证测试软件,为测试人员提供测试时的人机交互。

(3)I/O 模块的仿真板卡通过外设组件互连标准(peripheral component interconnection,PCI)插槽插在总线通信控制主机上,与被测试产品进行 A429

总线、A664 总线、A825 总线信号的通信,进行总线信号测试。

(4) 电源系统为被测试设备提供工作电源,并提供供电的控制、指示和保护。

(5) 测试控制面板安装在测试机箱的前面,包括信号断路测试点、供电指示和控制、调试接口等。

(6) 接口面板安装在测试机箱的后面,包括总线信号接口连接器、供电接口连接器和控制主机接口。

(7) 交换机安装在测试机箱内部,实现测试系统 A664 总线的数据交换,以及调试网络的数据交换。

(8) 测试线缆用于调测设备与被测试设备的信号连接,包括总线信号和供电信号。

A664 总线的信号通过安装在测试设备内部的交换机进行数据交换,测试设备内部的交换机通过 VLAN 配置划分为 A、B 两个网络,IDU、所有通用处理模块(general processing modular, GPM)、测试主机的 A、B 网络都分别接入交换机的 A、B 两个网络接口上。在测试控制面板上,为测试主机的 A、B 两个网络接口设计了断路测试接口,如图 3-7 所示。

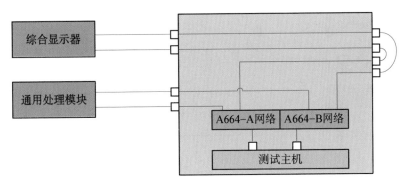

图 3-7　A664 总线的信号交联关系

IDU 的所有 A429 总线的信号经测试控制面板上的信号测试点与测试主机 A429 模块进行连接,如图 3-8 所示。

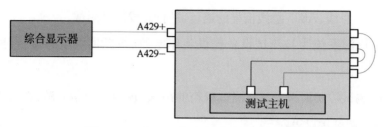

图 3-8 A429 总线的信号交联关系

在 IDU 和所有交联的控制板设备的测试线缆上,与被测试设备连接的一端引出 A825 总线的信号接口,采用连接器连接,形成 A825 总线。测试设备的 A825 板卡作为 1 个 A825 节点,A825 总线的信号经测试控制面板上的信号测试点,再连接到接口面板上的插座上,通过测试线缆与 IDU 线缆上的连接器进行连接。在接口面板上的插座上并线引出另一个插座,连接终端电阻,如图 3-9 所示。

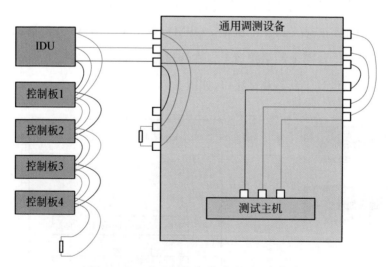

图 3-9 A825 总线的信号交联关系

IDU 和控制板的所有位置离散量信号经接口面板,再连接到测试控制面板上的断路测试点上,通过插拔断路插头配置被测试设备的位置离散量,如图 3-10 所示。

图 3-10　离散量信号交联关系

单显示器测试验证平台具备以下功能：

（1）提供被测件工作所需的电源，并提供供电电压、电流指示及供电信号测试点。

（2）具备与关联航电设备的总线信号交联能力，包括 A664 总线的信号、A429 总线的信号、A825 总线的信号、离散量信号等。

（3）具备与 IDU 的调试信号交联能力，包括以太网信号、RS232 串口信号、离散量信号等，并支持对 IDU 的调试和软件加载功能。

（4）提供信号的断路测试接口。

（5）具有维护计量功能，通过维护计量来检查测试设备的工作状态。

（6）能提供调试软件，支持对关联航电设备驻留应用的测试功能。

（7）支持 ARINC 615A 加载功能的后续扩展。

3.2.3　集成验证综合控制软件

集成验证综合控制软件是一项专门用于航空应用程序的测试、集成和验证任务的软件系统，对于提高航电系统测试活动的效率，减少人为因素导致的测试错误，提高测试活动的可靠性，对测试平台的自动化和通用化水平有重要意义。

集成验证综合控制软件由以下组件组成：

（1）集成验证综合控制软件内核是将所有组件整合在一起的分布式实时核心软件系统，每个集成验证综合控制软件节点都需要此组件。

（2）针对特定安装的实际硬件的特定于安装的低级支持软件，如设备驱动程序支持在集成验证综合控制软件内核上运行。

（3）集成验证综合控制软件 GUI 工具套件是用作图形用户界面的实时工具。

（4）典型的集成验证综合控制软件由强制性标准组件、可选标准组件（如 I/O 硬件选择和相应的驱动程序）以及定制扩展和模块组成。

集成验证综合控制软件架构如图 3-11 所示，其主要组成部分是分布式实时内核。实时内核维护主要基于实时数据库和配置数据库。实时内核还负责安排所有其他软件任务和外部应用程序。集成验证综合控制软件驱动程序由通用 I/O 进程和特定于 I/O 设备的设备驱动程序组成。驱动程序可用于航空航天应用中常见的大多数 I/O 接口。集成验证综合控制软件 GUI 工具套件用于配置、控制、可视化、采集和激励的客户端集。集成验证综合控制软件外部程序接口是应用程序和仿真的接口。

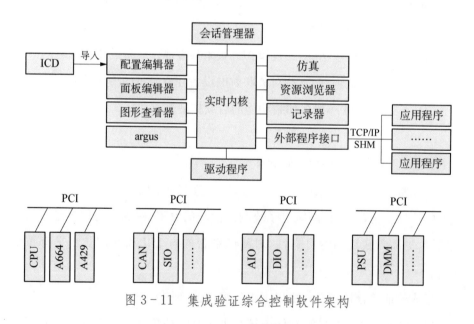

图 3-11　集成验证综合控制软件架构

集成验证综合控制软件以当前值表（current value table，CVT）为中心，为管理、配置、数据可视化、激励和控制、记录和重放提供了一套全面的工具。所有工具都通过 CVT 访问数据。工具和 I/O 设备之间没有直接接口。集成验证综合控制软件环境提供的工具如下：

（1）会话管理器（session manager）。会话管理器是用户界面系统的主要入口，它提供准备和执行测试会话所需的所有控件。它负责顶层配置和控制用户界面；访问系统和配置管理工具；状态和性能监控监视器；面板；记录器和重放实例等分发到显示和计算设备；创建和控制会话文件在线一致性检查；可配置的操作员日志。

（2）配置编辑器（config editor）。配置编辑器用于创建、查看和维护大量配置数据，包括硬件设备（载板、I/O 设备、计算设备）、I/O 映射、CVT 数据点、加载和卸载列表和仿真接口定义。

（3）数据监视器（argus）。数据监视器允许创建以 1 Hz 的更新速率运行的实时监视器。可以显示单个 CVT 数据点的值以及从多个群集节点和多个 I/O 设备采样的完整先入先出（first in first out，FIFO）数据流。此外，数据监视器还提供了简单的一键式 CVT 覆盖功能，用于即时数据操作。该窗口同时用作设置和运行时窗口。

（4）表格浏览器（table viewer）。表格浏览器工具允许以表格格式监视从选定 CVT 点采样的实时数据。当要监视大量 CVT 点时，此功能特别有用。除了查看 CVT 点值外，该工具还支持通过直接用户输入进行简单的数据操作。

（5）图形查看器（graph viewer）。在线数据监视器，用于将数字 CVT 点显示为值对时间图。

（6）记录器（recorder）。记录器工具可以记录选定的 CVT 点以及从多个群集节点和多个 I/O 设备到选择文件的完整 FIFO 数据流。可以定义采样率，并在各种记录模式之间进行选择，包括自动重新运行记录。

（7）数据查看器（data viewer）。数据查看器用于显示和后期处理以前使用记录器工具记录的数据。它还用于数据转换。

（8）重放工具（replay）。重放工具允许在会话运行时将先前从 CVT 点采样的一个或多个数据流传输回相同或其他目标 CVT 点。

（9）面板编辑器（panel editor）。面板编辑器用作交互式"所见即所得"编辑器，用于创建交互式控制和监视面板以进行测试和模拟。

（10）运行状况监控器（health monitor）。运行状况监视器在所有硬件设备、模拟和记录器上显示一页状态信息。

航电显示系统中的接口可以分为低速接口和高速接口。低速接口包括A429、CAN、离散量、模拟量，其中 CAN 总线速率最快，为 1 Mbps。而以太网速率能够达到 100 Mbps，因此可以通过以太网来控制和监视这些低速总线，如图 3 - 12 所示。

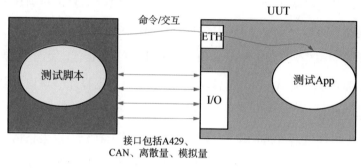

图 3 - 12　低速接口测试

测试系统通过配置集成验证综合控制软件，生成相应的测试脚本，同时 UUT 通过 VxworksWorkBench 烧写相应的测试应用，实现测试系统与 UUT 的通信从而测试或验证 I/O 通道中各种操作。测试系统将模拟或读取 I/O 通道的响应并核对预期的结果。

对于速率高达 100 Mbps 的高速接口，可以通过 A664 总线自身特性，单独设置一个虚拟链路（virtual link，VL）反馈其他虚拟链路的数据，如图 3 - 13 所示。

测试系统通过配置集成验证综合控制软件，生成 A664 相应的配置，与配置有 ES 的 UUT 通信，以测试 A664 各个 VL 及相关功能。主要包含 4 个方面

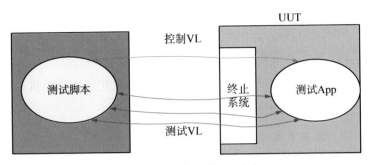

图 3-13　高速接口测试

的内容：

（1）A664 监视和仿真。仿真所有 A664 终端系统与被测系统或设备之间的数据交换；监视被测系统各个单元之间的 A664 信息流。

（2）A825 监视和仿真。监视 CAN 总线上的流量；仿真单个或者所有控制面板。此特性对于自动测试很有需要，特别是一个测试用例在自动驱动控制面板时。

（3）A429 监视和仿真。

（4）离散量监视和仿真。

集成验证综合控制软件可压缩测试验证过程的开发时间，大幅度提高测试验证的效率。集成验证综合控制软件可以弥补传统专用测试平台通用性差、重复建设、不可扩展、经常维护等不足，为航电系统的测试验证提供经济、可靠的工作保障。

3.3　软件/硬件集成

本节描述的集成过程包括软件集成和软件/硬件集成。在集成过程中，集成与集成测试交叉执行，集成测试用以发现新部件/单元引入可能导致的问题。

3.3.1 软件集成

3.3.1.1 软件集成目标

软件集成的目的是将开发过程中输出的软件源代码和软件目标码经过编译链接后生成可供加载至目标机的可执行目标代码。

3.3.1.2 软件集成过程的活动

对于每一个软件组件，其软件集成活动应包括以下活动：

（1）集成实施者（软件开发团队成员）应制订软件集成计划，其内容应包括集成的方法、规程、数据、组织责任、日程安排等，应当将其编制成文，并执行配置管理。软件集成计划可以包括在软件开发计划中，或单独成文。

（2）集成实施者应当按照集成计划将软件单元、软件部件进行集成，编译产生可执行目标代码、配置数据以及其他支持软件/硬件集成的软件数据/指令，如加载头文件。

（3）基于不同的软件集成策略，在软件集成活动执行过程中或执行完成后，应当执行软件集成测试活动；集成实施者应开发集成测试用例、搭建集成测试环境。

（4）对软件集成活动输出进行评审，质量保证人员应参与到评审中，确认集成过程符合集成计划。

（5）对软件集成活动评审中的问题进行分析和处理。

3.3.1.3 软件集成过程的输出

（1）集成活动生成的软件组件的可执行目标代码、配置数据以及其他支持软件/硬件集成的软件数据/指令。

（2）软件集成计划，用于指导软件集成活动的执行。

（3）软件集成报告，用以记录软件集成活动的过程和结果。

（4）软件集成活动的问题报告。

3.3.2　软件/硬件集成

3.3.2.1　软件/硬件集成目标

软件/硬件集成目标是将软件集成生成的可执行目标代码、配置数据以及其他支持软件/硬件集成的软件数据/指令加载入目标机中。

3.3.2.2　软件/硬件集成过程的任务

软件/硬件集成的活动如下：

(1) 制订软件/硬件集成计划以指导软件/硬件集成活动的执行。软件/硬件集成计划应制定软件安装策略，如是否支持加载、是否支持现场加载；还应包括安装环境要求、按需提供安装后配置要求、提供恢复安装前软件/硬件版本的策略、安装软件产品所必需的资源和信息、提供安装后必要的检查手段。软件/硬件集成计划应编制成文，并执行配置管理，软件集成计划可以包括在软件开发计划中，或单独成文。

(2) 按集成计划将软件组件安装至目标硬件环境中，应检查确保安装后软件组件按要求启动、运行和终止，质量保证人员根据项目需求对集成过程进行相应的检查，确保恰当的软件组件安装至目标硬件中。

(3) 对软件/硬件集成活动中产生的问题进行分析和处理，如安装失败的故障排查、安装后检查不符的故障排查。

3.3.2.3　软件/硬件集成过程的输出

(1) 安装至目标硬件环境的软件组件。

(2) 软件/硬件集成计划，以指导软件/硬件集成活动的执行。

(3) 软件/硬件集成报告，用以记录软件集成活动的过程和结果。

(4) 软件/硬件集成活动的问题报告。

3.3.3　集成策略

3.3.3.1　软件集成策略概述

软件集成是一个系统化的过程，其在将各个软件部件/单元构建为一个可以工作的软件组件的同时,还需进行必要的集成测试以发现与软件接口相关的错误。这一构建过程,是按照架构设计将各个单独的模块进行合并的过程。

常见的一种策略是采用非增量式集成,即采用一种所谓"大爆炸"的方式构建软件组件。在这种方法中,所有部件/单元提前合并好,合并后的软件组件作为一个整体进行测试。这种方式的坏处是在测试中会产生大量错误,甚至难以修复。因为对大规模的完整软件组件进行故障隔离会非常困难,而且往往会出现修复一个错误后,又发现新的错误,然后再次修复,再次发现新错误。

增量式集成是与"大爆炸"方法相对应的。增量式集成方法在构建软件组件时对构建中的部件/单元不断进行增量测试,这样就能够更容易地隔离和纠正错误;对软件接口进行完整的测试;便于使用系统化的测试方法。以下是几种常见的增量式集成方法。

(1) 自顶向下集成策略。

这是一种增量式构建软件架构的策略。所有的部件/单元按照软件的控制层级从高层级向低层级进行集成:首先,集成的是主控制部件(主程序);其次,主控制部件的次级部件被集成至主控制部件;最后,依次将下级向上级集成,直至最低级部件/单元。

在从高级向低级的集成过程中,可以采用深度优先或广度优先的方式。深度优先方式将集成控制结构中一条控制流路径中的所有部件。对于如何选择控制路径,针对不同项目或软件特点可能有不同的准则。例如,选择如图 3 - 14 所示最左侧的路径,C2 将首先被集成,其次集成 C5 和 C8,再次集成 C6(为了使 C2 能够工作),最后集成中间的路径和右侧路径。广度优先的方式会直接集成下一层级的所有部件,并按层级向下层逐步进行。在图 3 - 14 中,第一步集成 C2、C3、C4;第二步集成 C5、C6、C7,第三步集成 C8。

自顶向下集成策略一般按以下步骤进行:

a. 主控制部件被用作测试驱动,使用测试桩代替主控制部件的次级部件。

b. 依据所采取的集成方式(深度优先或广度优先),由次级部件逐个代替

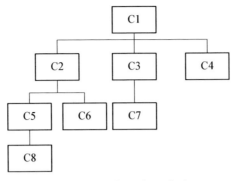

图 3-14　自顶向下集成

测试桩与上级部件集成。

　　c. 每集成一个部件,对部件进行集成测试。

　　d. 每完成一个部件的集成测试,进行下一个部件的集成,即使用下一个部件替换其测试桩。

　　e. 重复 b~d 完成对整个软件的集成,即完成整个控制结构的构建。

　　以上所述的自顶向下集成策略能够在集成过程早期对主要控制点进行验证。对于一个"构造良好"的程序结构,控制的判定会在程序结构的上层发生,因此会首先测试到。如果存在控制问题,那么这种对程序结构问题的早期发现是非常有益的。如果使用了深度优先的方式,那么软件将以逐个功能的方式得到集成和测试,从而可以使项目的相关人员尽早获知软件功能的可行性。

　　自顶向下集成策略从理论上是相对简便易行的,但是实际使用时可能产生问题。最主要的问题是,在对下一个层级进行测试时,要求对上一层级完成了充分的测试;然而在进行上层测试时,该策略使用测试桩替代下级部件进行,从而在上一层级测试时缺乏充分的、真实的数据流流向上一层级。面对这一问题,有三种选择:第一,延迟大量测试的进行,直至测试桩能够被真实部件替代;第二,开发具有一定功能的测试桩,仿真真实部件;第三,从控制结构的底层向上集成。第一种选择会使在集成过程中失去对特定测试与新部件引入之间的合作关系,甚至使集成最终演变为"大爆炸";第二种选择可以执行,但是工作量很大,因为需要开发很多复杂的测试桩;第三种选择是自底向上集成策略。

（2）自底向上集成策略。

顾名思义,自底向上集成策略是从控制结构最底层的部件/单元进行构建和测试。该策略由于是从下级向上级进行集成,所以总是有可用的下级部件提供必要的功能和数据,从而不再需要测试桩。

自底向上集成策略可以按以下步骤执行：

a. 对低层部件进行合并,构建为可执行一个特定功能的软件簇,即一组特定部件的组合。

b. 编制测试驱动来执行测试用例,控制输入和输出。

c. 利用测试驱动,完成该软件簇的测试。

d. 完成低层各软件簇的测试后,使用上一层的软件簇代替原测试驱动,重新合并成为新的软件簇,并为新的软件簇开发新的测试驱动,执行测试。

e. 重复进行以上步骤,直到完成全部层级部件的测试。

如图 3-15 所示给出了一个示例。低层部件被合并成为 3 个软件簇。每个软件簇使用一个测试驱动进行测试,分别是 D1、D2、D3。软件簇 1 和软件簇 2 从属于部件 C_b,在分别完成软件簇 1 和软件簇 2 的测试后,移除 D1 和 D2 两个测试驱动,软件簇 1 和软件簇 2 直接与 C_b 接口。同样,在完成软件簇 3 的测试后,移除测试驱动 D3,软件簇 3 与 C_c 直接接口。使用 C_b 代替 D1、D2 后,针对 C_b 开发新的测试驱动 D4,然后测试;C_c 同理,针对 C_c 开发测试驱动 D5,然后测试;最后再将 C_b、C_c 与 C_a 结合,至此不再需要测试驱动。

与自顶向下集成策略相类比,自底向上集成策略虽然不需要开发测试桩,但是需要开发测试驱动。随着集成向控制结构的上级进行,对测试驱动的需求将逐渐降低。实际上,如果控制结构的最高两层按自顶向下方式集成,需要驱动的数量可以有效降低,软件簇的集成也会简化,即实际上可以将自顶向下和自底向上的方式相结合。

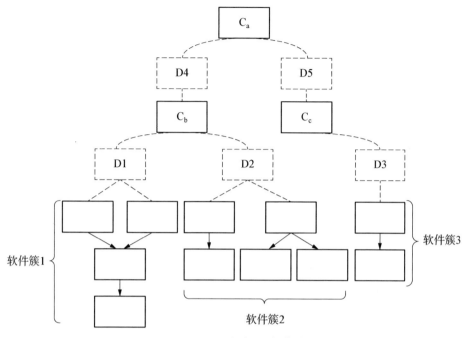

图 3-15　自底向上集成

3.3.3.2　集成策略的选择

通过对自顶向下策略和自底向上策略的分析,不难看出,两者的优缺点是互为对立的。自顶向下集成策略的主要缺点是需要测试桩,以及由此带来的测试困难;但是其优势是能够在早期对软件的主要控制功能进行构建和测试,建立信心。而自底向上集成策略的主要问题是只有在最后一个模块集成后软件才能作为一个完整实体存在,这会极大考验项目相关干系人对软件最终能否实现其功能的信心。

集成策略的选择往往依赖具体的软件特点,并且有时会与项目进度相关。一般常常采用一种组合方法,称为"三明治"方法,即对控制结构的较上几层使用自顶向下方式,而对底层部件使用自底向上的方式。

此外,在进行集成测试时,集成测试实施人员应当考虑识别组成一个组件的"关键部件/单元"。"关键部件/单元"具备以下特征:实现了多条软件需求;

在软件架构中处于较高的控制层级；比较复杂或者易于出错；有确定的性能要求。

制定集成策略时，应当考虑尽可能早地对"关键部件/单元"进行集成测试，并且在回归测试时，应当重点关注对"关键部件/单元"进行测试。

4

典型显示与控制产品功能级开发

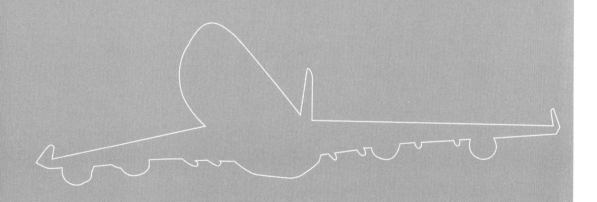

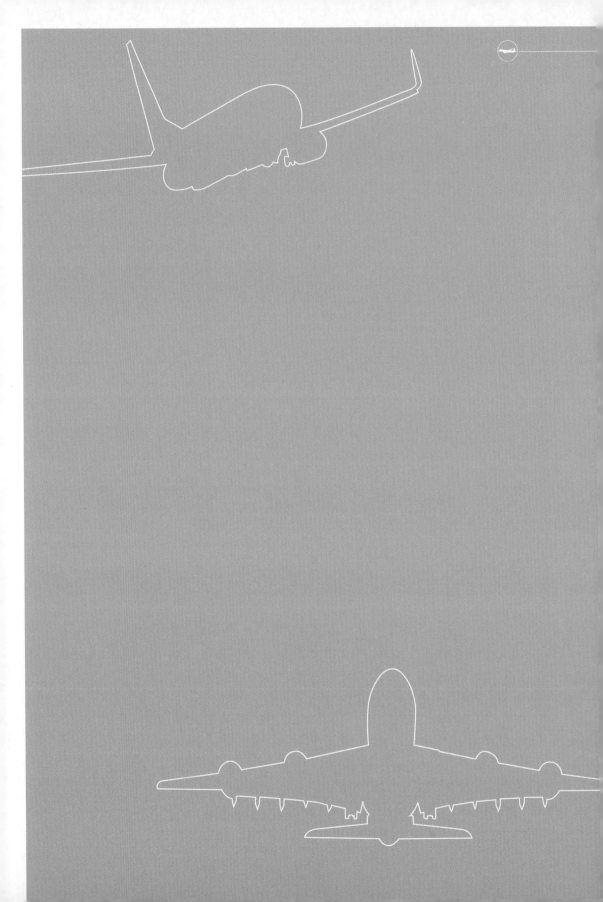

4.1　产品开发过程

4.1.1　系统研制计划

系统研制计划的目的是识别、定义、计划系统工程过程活动及其产出,以满足项目的总目标。系统研制计划过程是迭代的、循环的、重复进行的,从初始计划开始直到项目成功完成。

其中系统类计划描述系统工程过程的输入和输出文件,即系统开发计划及其支持计划,包括系统开发计划、系统需求管理计划、系统综合计划、构型管理计划、质量保证计划等。

硬件工程计划过程和软件工程计划过程将独立于系统工程计划过程,硬件工程计划和软件工程计划应该保证能够与系统计划保持衔接,以满足系统对软件/硬件开发以及集成过程的要求。

硬件工程计划应该描述项目硬件生命周期过程和活动,保证硬件以及硬件的集成满足系统、客户和 DO-254 规定的目标要求。

软件工程计划应该描述项目软件生命周期过程和活动,保证软件以及软件的集成满足系统、客户和 DO-178B 规定的目标要求。

图 4-1 是整个研制计划过程,包括适用于所有计划要素的一般目标。图中的基本过程表明,在任何一个计划要素形成书面文件之前,需考虑所有的计划要素。实际上,这些计划要素的制定并不一定是同时进行的。因此,重要的是,确保计划要素相互之间的一致性,并由它们共同组成针对整个研制生命周期的完整计划。

研制计划的关键是建立生命周期过程检查点和评审,其须与项目阶段和节点一致。研制计划需清楚定义对于成熟度的期望,以对设计、实现和合格审定等主要要素的进展和整体状态提供可见性。这可以通过明确技术和过程的进

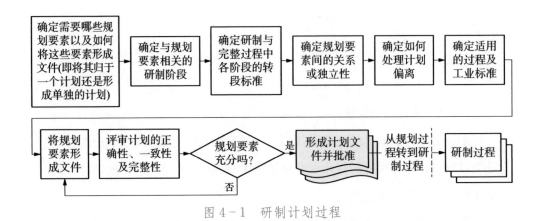

图 4-1　研制计划过程

入和退出准则来达到。从一个研制阶段向另一个研制阶段迁移时所遗留的开口问题需要进行必要的跟踪和管理。

4.1.2　需求捕获

主要研究显示系统需求捕获的范围、内容以及要求,包括衍生需求、接口需求以及需求规范、子系统需求分配等。

表 4-1 根据 ARP 4574A 各目标列出了需求捕获过程的目标。

表 4-1　需求捕获过程的目标

ARP 4574A 目标	ARP 4574A 参考章节
定义系统需求(包括假设和系统接口)	5.3
定义系统衍生需求(包括安全相关需求)和解释理由	4.4 5.3.1.4 5.3.2

显示系统应当从如下几个方面捕获系统开发需求:安全性需求、功能需求、使用需求、性能需求、物理和安装需求、维修性需求、接口需求、补充的合格审定需求、衍生需求、现有已取证系统和项目的再使用、安全性分析衍生的安全性相关需求、服役期维修性需求。

4.1.3　需求确认

需求确认过程是为了确保所提出的需求足够正确和完整,并且产品能够满足客户、用户、供应商、维护人员、审定局方以及飞机、系统和项目研制人员的需求(如飞行机组作为用户,可能需要执行推力控制的系统及相应的性能;审定局方需要对非期望操作进行限制)。

理想情况下,在设计实施开始前应进行需求的确认。然而,实际上直到系统得以实现并能够在其操作环境下进行测试之后才有可能进行需求确认,尤其是对于复杂和综合系统。所以,确认通常是贯穿于研制周期的一个持续的阶段性过程。在确认工作的各个阶段,会不断增强需求正确性和完整性的置信度。

表 4-2 根据 ARP 4574A 各目标列出了需求确认过程的目标。

表 4-2　需求确认过程的目标

ARP 4574A 目标	ARP 4574A 参考章节
保证系统和项目需求、T3/T4 需求的正确性和完整性	5.4 5.4.2c 5.4.3 5.4.4
证明并确认假设	5.4.2d
证明并确认衍生需求	5.3.1.4 5.3.2 5.4.2
需求可追溯	5.4.3 5.4.4
提供确认合规性证明	5.4.2e 5.4.2f 5.4.8 5.4.7.4

需求确认过程的目标是保证需求的正确性和完整性(即是否设计一架切合实际的飞机),对需求进行检查以确保这些需求是必要和充分的,这是确认过程

很关键的一方面;确认的另外一个目标是限制系统内出现非预期功能或相关系统间出现非预期功能的潜在可能。其具体目标如下:

(1) 依据正确性和完整性检查单,确认所有的系统需求是正确且完整的。

(2) 对失效状态等级和所指定需求的正确性进行评审并证明其合理性。

(3) 确认所有安全性需求通过安全性评估。

(4) 确认所有衍生需求通过安全性评估。

(5) 确认所有需求假设(如有相关的需求假设)是否合理并已确认。

需求确认是对需求正确性完整性进行确认的过程,通过假设管理、变更管理以及严酷度管理,确认方法定义,执行正确性和完整性检查单,完成需求确认。

一般在系统需求正式确认之前,制订系统需求确认计划,该计划应覆盖执行正确性和完整性需求确认的流程方法,详细描述需求确认的策略及确认过程。

4.1.4 系统实现

表 4 - 3 根据 ARP 4574A 各目标列出了系统实现过程的目标。

表 4 - 3 系统实现过程的目标

ARP 4574A 目标	ARP 4574A 参考章节
确保和分配项目需求的系统级与项目级(HW/SW)之间的信息流符合项目 HW/SW 要求(DO-297/DO-178)	4.6.1
项目 HW/SW 可正确实施并可追溯到分配的项目需求	4.6.2

显示系统在系统实现阶段,主要是对产品软件/硬件的实现活动,同时也要考虑相配套的工具实施。根据适航工作指导,软件/硬件的开发过程应分别按照 DO-178B/ED-12B、DO-254/ED-80 来开展工作,同时要符合各类补充规章文件的要求,在相应的安全级别上满足所需的安全性要求。另外,应该进行共因分析(common cause analysis, CCA),并应针对系统确定的

各种顶层事件进行定量的失效分析。

4.1.4.1　系统需求分配到软件/硬件

将顶层系统设计定义地对显示系统的产品要求分配到软件/硬件,通过定义高层需求来满足系统的需求定义。软件/硬件需求的分解和分配需遵循系统过程,同时对软件/硬件之间的接口进行定义。

按照需求分配的向下传递过程,以下系统信息会被传递到软件/硬件设计过程中:系统描述;分配到硬件的需求;分配到软件的需求;每个需求的设计保障等级(design assurance level, DAL)及对相关失效状态的描述(如适用);对硬件失效分配的失效率和暴露时间间隔;设计约束条件,包括功能隔离、分隔、其他外部接口要素和划分要求的数据/模型以及项目研制的独立性要求;根据实际适用性,在软件/硬件研制层级实施的系统验证工作;已通过系统过程进行工作或评估的、由软件/硬件过程向系统过程所提供的资料对系统过程的可接受性的证据。例如,此处所述的工作可以是对软件过程所提供的衍生需求通过系统过程进行评估来确定这些需求,是否会对系统安全性评估(system safety assessment, SSA)产生任何影响。同时,在产品的软件/硬件设计过程中,也需要将必要的信息向上传递,以支持系统级的研制工作,其中包括以下信息:

(1)有待根据系统或项目需求和安全性评估来评价的衍生需求(软件/硬件)。

(2)已实现的软件/硬件架构的描述,此描述能够充分证明其架构具备独立性和故障包容能力(如硬件隔离、软件分隔)。

(3)在软件/硬件研制层级所开展的系统/项目验证工作的证据。

(4)需合并到 SSA 中的硬件失效率、故障探测覆盖范围、共因分析和故障潜伏时间间隔。

(5)可能影响系统、项目要求或者软件/硬件衍生要求的问题或文件更改,应对照系统、项目要求或者安全性评估进行评价。

(6)任何使用限制、构型确认/状态约束条件、性能/时间控制/精确度等特性。

(7) 将软件/硬件集成到系统中的资料(如安装图纸、原理示意图、零部件清单)。

(8) 拟定的软件/硬件验证工作的详细内容,这些工作有待在系统级验证期间开展。

此外,需证明在此过程中与所分配的项目研制保证等级相符的工作都已开展,包括通过各种工具完成的任何保证。

在实现过程中,软件/硬件是不可分割的,需要将信息在软件/硬件的生命周期过程之间传递,并且这些信息流应贯穿于系统过程中,其中包括软件/硬件集成需要的衍生需求,如协议的定义、时间控制约束条件和软件/硬件之间的接口方案;软件/硬件的验证工作需要协调的情况。

4.1.4.2 软件/硬件设计和制造

软件/硬件设计和制造的过程应对分配给各软件/硬件的需求提供可追溯性。如果软件/硬件的实现与需求分配及架构定义是平行进行的,那么需要有足够的规范来确保捕获衍生需求,并确保在实现过程中满足所有的功能需求。

这一阶段的输出包括电子软件/硬件集成程序、发布的硬件图纸、软件源代码以及相关的生命周期资料、适用的研制保证资料、试验板或原型机硬件(如适用)以及实验室/飞行试验件。

作为显示系统中重要的一部分,资源配置工具也是设计过程中需要特别关注的,具体的设计要求可以参照 DO-330。

(1) 软件开发。

用于显示系统的软件应该使用 DO-178/ED-12 指南进行开发,或者遵照与软件等级相适应的其他符合性方法进行开发。当考虑显示系统的关键软件合格审定时,要关注合格审定的政策与指南,如软件的重用、用户可修改的软件、现场可加载的软件和数据库的完整性。另外,特定的飞机型号项目可以有附加的软件政策或指南，能适用于系统的安装。

（2）电子硬件开发。

显示系统中包含了大量的复杂电子硬件（complex electronic hardware，CEH），这些 CEH 的功能不能通过测试和/或分析进行完全验证，应使用 DO-254/ED-80 指南进行开发，或遵照与硬件设计保证等级相适应的其他符合性方法进行开发。在考虑这些 CEH 的合格审定时，要关注合格审定的政策与指南，如现场可加载的硬件、环境鉴定试验、硬件模块认可、飞机的个性模块、硬件配置文件等。另外，特定的飞机型号项目可以有附加的硬件政策与指南，以满足系统的安装。在显示系统中的现场可修改硬件，例如，可编程逻辑器件可以通过外部的方式进行修改。针对这种实现情况，由于 DO-254/ED-80 还没有给出指南，因此，可使用现场可加载软件的指南（如 DO-178B/ED-12B）。

a. 工具鉴定。DO-178/ED-12 和 DO-254/ED-80 分别对用于软件/硬件开发的验证工具和开发工具提供了指南，显示系统的开发还包含了用于资源配置和集成的工具。常用的工具如下：用于生成和/或验证配置文件与资源分配；建立和验证分区隔离的保护以及系统的其他安全性和保护特性，如冗余管理、（失效）恢复、健康监控、故障管理、飞行机组告警等；验证系统配置、平台内部和平台之间数据通信；验证系统与飞机其他系统和传感器接口的正确使用。

对集成验证过程中使用的工具也需要进行评估，以确定它是开发工具还是验证工具。如果工具的输出不能完全被验证，那么就需要对它进行鉴定。工具鉴定的方法应该基于 DO-178/ED-12 和 DO-330 定义的流程。

b. 环境鉴定试验。显示系统的灵活性和可重构特性会导致有大量的软件/硬件配置需要进行环境鉴定试验。硬件模块配置的灵活性带来了区别于传统系统环境鉴定试验的特殊性。显示系统中模块和硬件的鉴定试验应该在 DO-160/ED-14 所定义的适当等级上进行，这种等级由假设或预期的飞机安装和操作环境确定。

有些鉴定试验可以通过在模块层级进行，并获取鉴定数据，来替代系统级的鉴定试验。在模块级别上取得的环境鉴定是否可复用取决于以下三个条件：模块所处环境的定义；模块可能对其环境产生的影响的定义；模块对特殊事件的反应的定义，如 HIRF 与闪电。

模块级的环境鉴定不能代替在更高综合级别上进行的更进一步鉴定；然而，在更高级别上的环境鉴定应该确认施加在单个模块上的一部分环境需求。

硬件的环境鉴定试验指南描述如下：

（1）硬件开发者应该规定假设或预期的环境，并规定适用的 DO - 160/ED - 14 环境试验类别与等级。必要时，补充附加的需求，以使试验能代表模块在实际飞机安装中预期可能承受的状态。

（2）针对 DO - 160/ED - 14 中每项适用的试验程序，开发者应该规定模块的性能需求。如果适用，开发者可以选择规定一组不同的通过和/或失败准则，和/或环境极限的试验容差。一旦规定了适用的 DO - 160/ED - 14 试验条件和类别，硬件模块开发者就应该编写 EQT 计划，按照此计划进行相关试验。在试验过程中，有必要组合多个模块，以便与实际环境和操作条件更为接近。

（3）如果开发者想要按多种类别的 EQT 来鉴定某一硬件模块，则对于这些类别，应进行所有适用的试验。

（4）如果硬件模块能够使用执行飞机功能的软件或宿主的软件应用进行加载，则开发者应该使用宿主应用软件或专用测试软件证明硬件模块功能的正确运行。开发者应该验证、确认和控制模块和软件的配置，以确保测试的有效性。

（5）如果开发者愿意使用最坏情况下的环境鉴定试验来鉴定有多种安装情况的模块，需要向合格审定机构建议。然而，试验结果与各种限制都要用文档完整地记录，当模块使用于所要的安装时，以后的用户和合格审定机构就能判定试验的有效性。用于显示系统的数据总线,如果有特殊的电磁兼容性要求,如数据总线对脉冲的上升时间、总线速率、总线拓扑以及互连方案等方面的规范,那么这些关注点和环境影响可能是共模失效的来源,适用时应该在环境鉴定试验计划中予以描述。

4.1.5　系统集成

表 4-4 根据 ARP 4574A 各目标列出了系统集成过程的目标。

表 4-4　系统集成过程的目标

ARP 4574A 目标	ARP 4574A 参考章节
项目 SW/HW 集成无误,且符合集成要求	4.6.3
将项目集成到(子)系统,并满足系统要求	4.6.4

系统集成是一个将多个软件/硬件产品按照一定的接口、逻辑规范组合成具有目标功能性要求的产品的过程。

显示系统集成试验贯穿于显示系统研制开发、运行使用到升级维护的整个生命周期,因此在系统设计初期即需充分考虑。

本指南中所提到的系统集成主要是指整个系统开发周期中集成/验证阶段的系统集成工作,主要是将详细设计阶段开发的设备和子系统模块组合成完整系统,并完成 LRU 间的联试工作,从而为验证阶段的验证活动做好准备。而对于软件/硬件的开发过程,其集成工作分别由软件/硬件的集成工程师完成。

显示系统的首要集成目标是正确地将最终产品集成为一个完整的显示系统,并确保其能够实现预期的功能。详细描述如下:

(1) 证明集成的最终产品按照每个最终产品和功能的需求规范执行其预期的功能。

(2) 根据接口控制文件证明系统中的最终产品交互是正确的。

(3) 证明整个系统根据系统需求规范执行其预期功能。

显示系统的第二个集成目标是通过进行验证试验来支持验证活动,验证试验是正式验证之前的准备。如果在显示系统集成阶段完成了集成,则应在显示系统验证阶段进行正式验证。然而,正式验证的多数准备工作可在产品集成阶段通过验证试验来完成。

显示系统的第三个集成目标是确保在将最终产品交付之前实现飞机安全(safety of flight,SOF)计划的目标。

4.1.5.1 集成概述

通常,系统集成从逐个的项目集成开始,继而逐步进行直至完成系统集成。由于完全预测或模拟飞机环境存在困难,所以可能要求某些集成工作在飞机上实施。虽然通常认为在飞机上进行集成具有较高的有效性,但是通过实验室或模拟环境常常能够获得更有针对性或更节省成本的结果。业界有各种不同的用于系统集成的具体程序。

在集成过程中,如果发现不足,则应返回到适当的研制步骤或完整的工作(需求捕获、分配或确认、实现和验证等),以寻找解决方法并重新执行该集成过程。当所有的迭代工作结束时,这一工作的输出是一个经验证的综合系统,以及证明该系统满足全部功能需求及安全性需求的资料。

系统集成可确保全部飞机系统的正确运行,不论是单独运行还是安装后与飞机上的其他系统协同运行。这项工作提供了满足系统相互间需求(作为一组需求)的方法,也提供了一个发现并消除不希望的非预期功能的机会。

4.1.5.2 测试策略

为了明确系统集成策略,将首先描述整个集成过程中会用到的测试类型。

(1)全功能测试:在集成准备就绪评审之后,应对每个软件/硬件版本的集成进行全功能测试,并随系统集成报告一起正式交付给客户。

(2)置信度测试:为了确保被测系统不具有可能影响驻留功能或驻留应用程序测试、飞行测试的主要问题。置信度测试是通过使用动态和静态测试脚本对系统软件进行的快速检查,以确保软件能够正常显示及记录。

(3)回归测试:一种确保自发布版本测试以来,设计变更不会产生任何负面影响的方法。在形成后续发布版本时,应对所有变更进行全面变更影响分析。根据变更影响分析进行回归测试,并对其进行记录。按照业务流程(business process,BP)将回归测试结果生成到系统集成报告中。

4.1.5.3　集成策略

作为验证活动的基础,系统集成策略一般包含以下主要元素。

(1) 自下而上集成:在将最低级别的(软件/硬件组件)设置为共同运行,并根据定义的集成测试程序对其进行测试时,则开始集成。如果在某个级别能够确保顺利进行集成,则该级别的组件将整合为较大的单元。

(2) 迭代集成:在多个迭代中重复自下而上的集成流程,并在每个级别添加额外的功能。在早期的集成迭代中,并不是所有的功能(软件/硬件组件)均可用。因此,将应用特定工作区,如模拟缺失的功能、软件/硬件组件中的特定快捷方式、虚拟函数等。

(3) 并行集成:将多项低级别集成活动以并行方式开展,并整合为一个高级别集成活动。这要求具有足够的测试设备。

4.1.5.4　集成过程

系统集成相关活动和过程结果如表 4-5 所示。

表 4-5　系统集成相关活动和过程结果

活　　　动	过程结果
进行软件/硬件集成	项目
进行系统集成	集成测试规程 集成测试报告

系统集成过程的典型流程如图 4-2 所示,图中包含系统集成过程中所需的输入及其来源、涉及的活动、所产生的输出及其去向。

4.1.6　系统验证

表 4-6 根据 ARP 4574A 各目标列出了系统验证过程的目标。

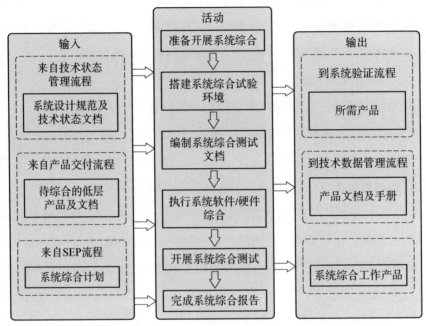

图 4-2 系统集成过程的流程

表 4-6 系统验证过程的目标

ARP 4574A 目标	ARP 4574A 参考章节
测试或证明规程正确	5.5.4.3
验证证明预期功能,确保无非预期功能影响安全问题	5.5.1 5.5.5.2 5.5.5.3
产品实施符合飞机和系统要求	5.5.1 5.5.2
验证安全需求	5.5.1 5.5.5.3
包括验证合规性证明	5.5.6.3 5.5.6.4
确定对缺陷及其对安全的相关影响进行评估	5.5.6.4

证实所实现的产品遵从其规范和设计描述文档是十分必要的。产品验证流程的结果证实,不论通过实施执行还是通过集成得到的已实现产品,都遵从其特定需求,即证实目标产品通过验证。

显示系统用来为飞机相关信息数据提供指示和记录的功能。显示系统的验证应保证对显示系统的显示控制、数据记录功能的正确性进行验证。

验证过程的目标如下:验证是否已经达到预期的功能;验证是否已经满足需求;确保系统实施后安全分析的有效性。

4.1.6.1　验证概述

显示系统验证策略只在显示系统级和 LRU/驻留功能级进行功能性验证,并在可行的情况下,在其他级(如低级组件)进行验证,其他级应该为较低级。为实施本策略,对各显示系统级和 LRU/驻留功能级需求进行同行评审,并建立对应测试用例。分配需求属性后,对显示系统/LRU/驻留功能分阶段开展验证活动。

进行功能性验证时,根据所分配的相关功能对显示系统/LRU/驻留功能进行分组。然后,将这组需求作为一个整体进行审查,并开发测试用例和规程以充分发挥功能作用。正式运行测试用例和相关测试程序及脚本,以获得各项功能满足其需求的验证证据。

对于具有验证分配其他级的显示系统需求,验证工作旨在确保从低级分解需求的验证中生成必要的文件,以支持显示系统验证。通过使用需求管理工具数据库中的测试用例和测试程序矩阵对这些文件进行跟踪。

除对显示系统/LRU/驻留功能需求进行验证外,还要验证整个鲁棒性和性能测试。鲁棒性和性能测试有助于确保显示系统/LRU/驻留功能不仅满足其各自需求,还可以起到内聚系统/LRU/驻留功能的作用,而且无意外操作。由于鲁棒性和性能测试不是由显示系统需求直接驱动的,因此需要开发一系列衍生测试用例;反之,其将会促进测试程序开发以进行鲁棒性和性能测试。

大多数显示器验证测试均为人在环(human-in-loop)测试,以确保显示系统的外观和行为准确无误。适当时,会自动进行人不在环(non-human-in-loop)测试。利用规定的测试脚本和构型以及测试程序中定义的测试步骤信息可实现重复测试。

为完成此过程,将进行覆盖率分析,以证明各显示系统/LRU/驻留功能级需求已经完全充分验证。

在测试过程中如遇到各种问题和故障,进行回归分析,以识别需重复进行的测试。如果此类分析存在不确定因素,或因过于复杂而无法执行,则需重复进行系列相关测试。然后再进行这些测试,并记录测试结果。

4.1.6.2 验证策略

系统实现的每个层级中总体验证过程的模型如图4-3所示,系统验证活动是个反复迭代的过程。验证过程包括三个部分。

(1)计划:计划的内容包括必需的资源、活动的先后次序、要提供的资料、具体工作和评估准则的选择、用于验证的软件/硬件等。

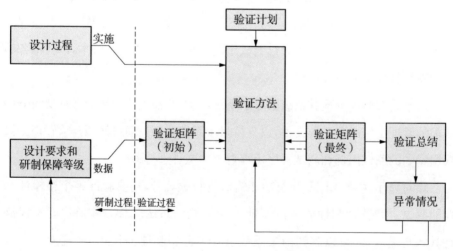

图4-3 系统验证过程的模型

(2)方法:包括在验证过程中所使用的验证方法。

(3)数据:包括在验证过程中所产生结果的证据。

4.1.6.3　验证过程

系统验证相关活动和过程结果如表 4-7 所示。

表 4-7　系统验证相关活动和过程结果

活　　动	过程结果
分析 T3/T4 需求、约束条件和计划验证 （也可与研制计划过程同时进行）	验证规程
定义已实施系统的验证方法和规程	验证规程
进行系统验证，应用验证程序	验证数据
分析验证结果，并评估缺陷；分析对安全的影响	验证矩阵 验证总结 问题报告

系统验证过程的典型流程如图 4-4 所示，图中包含系统验证过程中所需的输入及其来源、涉及的活动、所产生的输出及其去向。

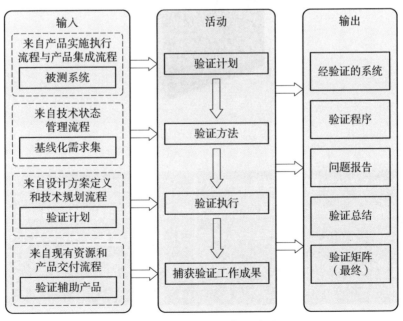

图 4-4　系统验证过程的流程

4.2 下视显示器与航电控制器

综合显示装置(integrated display unit，IDU)具有优秀的光学性能以及全玻璃覆盖设计;采用分区隔离的操作系统以及多种图像完整监控措施,实现高可用性和完整性的需求;丰富的接口以及高性能的数据处理和图像处理能力,可以支持各种类型的画面显示;开创性地将平视显示器画面生成功能及增强视景图像叠加功能集成为综合显示单元。以上所述的各类特点显著提高了飞机系统级性能以及集成度,优化了系统设计,减少了部件尺寸,降低了飞机功耗。综合显示装置如图 4-5 所示,加入 SVS 和没加入 SVS 的图像如图 4-6 所示。

图 4-5 综合显示装置

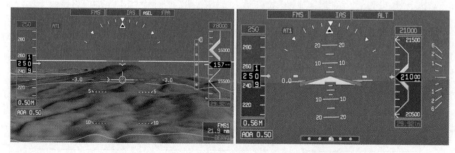

图 4-6 加入 SVS 和没加入 SVS 的图像

(来源：https://www.youtube.com/watch? v=ZKu9hPENirM)

4.2.1　有源矩阵液晶显示

玻璃显示屏是现代"玻璃座舱"中最重要的特征。下视显示器(head down display，HDD)最初用来显示前置雷达输出，后来发展成为所有机载系统输出的主要显示设备。全玻璃覆盖设计是较传统 IDU 相比的一个新特性，玻璃屏采用透明导电技术，增加本身的透光率，还有一定的防刮花作用。整个 IDU 屏幕是全贴合屏幕，不会出现非全贴合的发灰现象且日常显示效果不佳、影响屏幕通透性、很容易进灰等缺陷。保证了屏幕不会因为不干净而出现安全问题。显示介质是防反射有源矩阵液晶显示(AMLCD)的显示屏，其分辨率一般高于个人手提电脑。

液晶显示器(liquid crystal display，LCD)是在真空玻璃罩里激发光亮的高温高能电子流，被夹在薄玻璃板之间的低压半导体微控制电路控制小型单元矩阵所取代。此设备利用光的偏振特性和许多有机材料所展出的一种矛盾状态——液晶状态。液晶材料行为很像黏性液体，其中分子可以流动，但是这种材料呈现一种类水晶的各向异性，因为分子都有极性，可以排列和分层。很多材料在不同温度范围内呈现不同的排序状态，产生不同的光电效果。在所有液晶类型中，指向矢描述了布局分子的排列方式，指向矢和光线偏振平面之间的角度决定了该材料对光线产生的效果。一般来说，显示设备的原理是向液晶层内很小的区域上施加电场，使局部的指向矢完成定位并且旋转射出光线的偏振平面，控制通过分析器的光线量。

AMLCD 最常见的形式是使用一种极性分子可以与接触表面的分子或者施加的电场线性对齐的向列材料。将液晶材料的一个薄层与一个经过正交方向摩擦的聚合薄层表面保持接触，这样向列分子的指向矢就在单元内部扭曲了90°，就是所说的扭曲向列。在聚合摩擦层外面是透明传导材料薄层，在真空中汽化并且沉淀到玻璃衬底上。这一薄层用于在材料厚度范围内施加一个电场，通过转动偏振光平面来工作。背光源通常是一个平面结构的紧凑型荧光灯，有个反光的背板以及散射的前面板来产生均匀的发光面。发射出来的光线通过偏振材料后到达 AMLCD 的玻璃衬板。

    AMLCD 的工作原理是当没有施加电场时,两侧向列液晶分子分别与聚合表面层平行,中间的指向矢逐渐扭曲形成 $90°$ 的偏转。这起到了折射层栈的作用,伴随着视觉轴方向逐渐变化,视觉轴通过复杂的光螺旋和双折射混合影响线性偏振光,将通过的偏振光的偏振面选择 $90°$。在这个方向下,大多数光能穿过第二个正交偏振层(即分析器),在这种状态下,单元会发光。将约 2 V 直流或交流的电压加载至铟锡氧化物(Indium Tin Oxide, ITO)电极产生电场,该电场对齐单元中大多数分子的指向矢来移除扭曲双折射。在这种状态下,线性偏振光不受单元的影响,并且偏振面几乎没有改变,所以当它遇到分析器时,会被强烈吸收,单元呈黑色。这个过程是可逆的,电场移除后允许单元回复到可以传送的状态。在阈值电压上,伴随着电场强度增加,指向矢的对齐程度是递增的,因此一个偏振光偏振面的旋转也会递减。因此,通过控制电压能调整来自单元的总光量,单元的作用就像一个光阀。当单个单元的电场超过分子排列的门限时,单元就会转换到开启状态,这要求信号电压同时施加到在这个单元处相交的行电极和列电极。被切换到开启状态来显示一个符号的单元所采取的寻址方式如下:首先,在激活行电极的同时,激活那行须开启的单元列电极。其次,下一行会被激活,电压加到那行须开启的单元列电极。再次,下一行会被激活,电压加到那行须开启的单元列电极,直到所有的行完成状态切换。最后这个过程从第一行再重新开始。这种方案通常应用于激活像发光二极管这样的发光装置以及显示元素数量小于连接数量的简单阵列,但不适用于那种需要对单元传播实施比例控制并且有很多连接的扭曲向列型液晶装置。而且,由于每个单元在每帧只能开启一个行周期,大多数背光都会浪费,这时就采用像素有源寻址。

    一个像素在电气特性上等效于一个电容器,通过脉冲同步施加到栅极和漏极,使晶体管开启,实现充电。上层玻璃常用 ITO 电极,电极连接到交流电源以阻止液晶体出现偏振。栅极和漏极使用移位寄存器寻址,移位寄存器沿着阵列的相邻两边组成场效应晶体管的完整线性阵列。整个面板通常有两个宽边来容纳这些元素,还有一排相对大的金属焊盘用以将设备连接至支持电路。鉴于像素数量很多,且每个像素有多种状态,以及每个状态之间快速转换的要求,使得大型阵列的制造在技术上面对严苛的挑战。每个像素的边缘有自适应场效应晶体管元件以及栅极和漏极的地址线。标准微电路的生产过程通过掩盖、蚀刻、掺入添加物、沉淀等工艺在一个薄的非晶体或多晶体硅沉淀膜中成形,从几个平方毫米的硅片上被扩展到大面积的玻璃面板上。整个背板阵列在玻璃衬板上,用一个透明的绝缘体覆盖被侵蚀的活动硅层,传导板通过透明绝缘体连接到存放 ITO 的像素面板。薄聚合层最后沉积到顶层。顶层玻璃被涂上一层连续的 ITO 薄膜以及聚合层,加以正交方向的摩擦。玻璃微球体撒到朝上的玻璃衬板上以支撑面板,同时精准控制间隔,将顶层玻璃的涂层面朝下,放在上面,边缘使用紫外固化黏剂封闭。在一边留一个小空隙,将整个夹层放置在真空中,将液晶混合物吸到预先形成的空间中,以疏散空间,最后在装有液晶材料的水槽中将空隙填满。填充过程通常持续数小时。最后一步则是去除空隙,将极化薄膜黏到外层玻璃上。以上这种排列可以有很多变化,比如分析器可以旋转 90°,反转不透明状态和透明状态。这种显示器也可以在反射模式工作,用于调节入射光亮度,在这种模式下背光源用保持极性的反射性漫射体代替。另外,漫射体可以是部分透射性的,而背光只能在夜间使用。需要处理干扰光来避免由于各层界面折射率的突变而产生的反射,并用深色材料来覆盖不活动区域的阵列,阻止光线照射到光敏的薄胶片晶体管上。

　　一些因素会降低这种形式显像的质量,如温度和入射角的变化;单元两端所加电压越高,透光率越低。单元的温度也影响单元开启和关闭的传输动态特性。当液晶黏性随温度的降低而升高时,开启和关闭都显著变慢,因此稀释介质被引入到化学混合物中以扩展工作温度范围。在商用设备中,除了改进密封性以及增加一个防眩光滤光器外,常常也会加装自动温度调节加热薄层。

　　人类视网膜受到刺激后的明视水平不仅会让人感觉到亮度,还会感觉到颜色,调节能量转换的光色素以三种不同的光敏度形式存在,并由短波(蓝色)、中波(绿色)和长波(红色)三种视锥细胞使用。彩色显示器的主要制造技术需要将像素结构分为三个一组,准确套印红色、绿色、蓝色的拜耳染料滤光器。色彩元素的排布类似荫罩式 CRT 上荧光点的排布,但是是对齐的行和列,而不是六边形的栅格。有时会使用这样的排列: - R - G - R - G - R - , - G - B - G - B - G,交错排布。AMLCD 使用减色面板对独立像素点进行颜色和亮度调节,其工作原理是: 强烈的白光背光通过一个线性偏振层且与偏振层平行,并且通过一叠 AMLCD 面板,这些面板和光准确对齐。这样光线通过包含有滤光器的连续窗口,滤光器控制着红色、绿色、蓝色光线的传送。这种控制取决于染料材料排列的多色性,选择性吸收一部分光谱,吸收比例与光的偏振平面和材料指向矢夹角的余弦值成比例。第一个 AMLCD 面板通过定向扭曲偏振面,面板外部吸收红光的滤光器可以吸收既定比例的光。每一层衰减调到最小时大多数光可以通过,调到最大时是黑色;每一层吸收同等比例的光就会呈现出灰度,吸收比例不同时则会产生不同的颜色。如果将红光衰减调到最大其他两层不变则穿过的光是青色,蓝光和绿光的最大衰减分别对应黄色和品红色。大量的光线是从与屏幕垂直方向射入,如果倾斜地观察这个装置,则屏幕的亮度会迅速下降。因此需要一个漫射体或者一个镜头阵列来对光进行横向扩散。

4.2.2 综合显示装置架构介绍

综合显示装置(IDU)的主要软件结构由应用程序提供者和模块提供者组成。模块提供者含有常驻操作系统、启动、系统分区、操作系统、应用程序编程接口(application programming interface, API)和特定编程接口(specific programming interface, SPI)。应用程序提供者含有多个与分区对应的数据库和配置表。操作系统 VxWorks 653 应用程序提供者访问低级资源的唯一方法是使用 API,系统分区(包括在 Core SW 中)可以访问这些 API 服务,但是它

们也可以访问 SPI。其中,操作系统 VxWorks 653 为航空电子开发团队带来一系列好处:

(1) 在符合 ARINC 653(简写为 A653)规范下,提供时间和空间分区。

(2) 现有 A653 应用程序以及 VxWorks 内核模式应用程序和驱动程序的可移植性和可重用性。

(3) 强大的内核感知开发和调试工具,如 Wind River Workbench 开发环境,带有 VxWorks 653 项目和构建系统。

(4) 支持独立开发团队进行异步应用程序项目和系统集成,从而简化了复杂的团队管理。

(5) 简化系统配置和软件集成,跨越多个安全关键点,缩短集成时间,并减少集成错误。

IDU 有多个输入/输出接口,如 A664、A429、A825、A818 和离散输入/输出等。其中平台软件提供了 A429 和 A825 是高速接口能够传输接收数据,都大于或等于 100 kbps。而 A664 是双通道接口,支持 10 Mbps 或 100 Mbps 从平台软件到终端系统的传输速率。A818 接口主要是为了支持视频显示或捕获。

IDU 典型结构如图 4－7 所示,从输入/输出模块接收各种外部数据,然后通过总线传输到应用处理模块(application processor)。GPM 上的处理器专门用于处理和生成图像,每个处理器将托管一个独立的操作系统,每个操

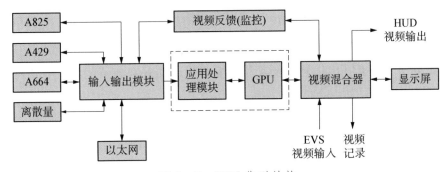

图 4－7　IDU 典型结构

作系统都在分区环境中运行应用程序软件。每个图形处理单元（graphic processing unit，GPU）都通过开放图形库（open graphics library，OpenGL）接收图形渲染命令和多边形坐标，然后将其添加到指定的纹理并填充到这些多边形中。

合成视景系统（SVS）根据飞机的姿态、导航解决方案以及地形、障碍物和相关文化特征的数据库，提供计算机生成的外部地形的三维图像。SVS 图像是晴天时从驾驶舱窗口看到的透视图，并作为背景显示提供给 IDU 上显示的 PFD。从图 4-6 中能看出来加入 SVS 的图像对人类操作员更友好、更可靠。

对于一个多功能 IDU 的基本要求是能够显示各种各样的图像、表格和地图，并使细节描绘和色彩在所有的观测条件下都可靠。屏幕亮度越大，淡颜色显示越明亮，对比度越大，字体显示越清晰，而影响屏幕上显示图像的可见度的主要因素如下：由显示器屏幕主动发射或反射含有信息的光束；日光或天空光在屏幕表面漫射并与屏幕主动发射或反射含有信息的光束结合使特征对比度下降；日光或天空光在显示器外表面镜面反射产生反光并使得分辨率进一步下降；环境光决定了人眼的适应状态。尽管人在看显示屏的时候眼睛能适应显示屏的亮度，但是光谱更广更亮的日光产生的效果是最主要的。防止日光照射，或者至少限制太阳光或色散光在屏幕上的强度是避免外部眩光造成图像对比度降低的主要措施。同时，因为民用飞机座舱上的挡风玻璃比较小，装遮光罩能有效地降低显示设备玻璃外表面引起的镜面反射。在日趋智能化的今天，基于 IDU 里面含有光传感器增加了自适应环境自动调光功能，根据观看者的喜好优化显示设置和环境照明还具有增加节能和节省成本的潜力。

在大中型民用飞机上，至少需要四台或以上 IDU。所以若是有一台 IDU 出现故障时，可以根据其严重程度来选择是否把这台 IDU 重启或黑屏或者在另一台完好的 IDU 上重构其重要信息。

4.3　数据传输总线

4.3.1　数据总线概述

民用机载数据总线于 20 世纪 70 年代投入使用,从 ARINC 429 到 ARINC 664,传输速率从 100 kbps 发展到 100 Mbps,结构也在不断优化。机载数据总线是航空电子的关键核心技术之一,历次航电系统的升级都是以所采用总线技术的革新为依据。随着微电子技术、计算机技术和微波技术的广泛应用,航空电子技术正在向智能化、模块化、标准化、综合化等方向深层次快速发展。而在飞机气动外形设计日趋稳定的今天,航空电子系统的综合性能决定了飞机整体性能的优劣。

一个综合的航空电子系统在各子系统之间有着大量的信息需要交换。各子系统通过各自的接口与总线交连,实现资源共享以满足高速通信的要求,形成一个一定层次结构的计算机网络。航空总线技术的目的正是实现航空电子各子系统之间、通用处理模块之间的资源共享、减轻互联介质的重量、降低复杂性,支持系统过程控制和状态管理。未来的航空电子系统需要高带宽、低延迟、高可靠性的数据通道,以满足航电系统实时性与可靠性的要求。在航空电子系统中,为关键系统提供高速、可靠的实时通信是对机载数据总线必要而基本的要求。另外,随着航空电子系统复杂性的增加,为了确保各种复杂飞行条件下安全飞行和乘客需求,对提高机载数据总线带宽的需求也与日俱增。

目前民用飞机上常用的串行通信总线标准 ARINC 429 是美国各航空电子设备制造商、定期航班航空公司、飞机制造商以及其他一些国家的航空公司联合成立的航空无线电公司(ARINC)为统一航空电子设备的技术指标、电器性能、外形和接插件规范而制订的航空总线标准。成为 20 世纪在民用飞机领域占统治地位的一种航空电子总线,它将飞机的各系统间或系统与设备间通过双绞线互连起来,构成了各系统间或系统与设备间数字信息传输的主要路径,组成了飞机的神经网络。

面对航空电子系统对机载数据总线提出的时间确定性传输、可靠性高和重量轻的要求,世界航空业巨头波音公司和空客公司在 20 世纪就已经将重点转移到开发商用以太网技术来构建下一代的机载数据总线,这项研究促进了全双工交换式以太网的发展。20 世纪 90 年代后期,基于 IEEE 802.3,并充分利用商业货架产品(COTS)硬件的新一代航空数据网络 ARINC 664 成功研制,其传输速率可以达到 100 Mbps。ARINC 664 特点是数据传输的确定性,并能提供很高的数据传输速率,以及大幅度减轻机上电缆重量。

为适应传感器、制动器等中低数据量航空电子设备的数据传输,在 2010 年基于控制器局域网(controller area network, CAN)协议制定了 ARINC 825 协议,作为 IMA 网络架构中 ARINC 664 P7 的辅助总线,为高容量网络提供补充,将驾驶舱信息流接入更高的带宽系统中。CAN 是国际上应用最广泛的现场总线之一。CAN 总线最先由德国博世公司(Bosch)提出,用于汽车工业的车载网络。20 世纪 90 年代 Bosch 提出了 V2.0 版规范,并提交给 ISO,该规范由 A、B 两个部分组成,定义了 CAN 总线的物理层和数据链路层协议。1993 年,CAN 总线成为国际标准 ISO 11898(高速应用)和 ISO 11519(低速应用)。一个由 CAN 总线构成的单一网络,理论上可以挂接无数个节点,实际应用中节点数目受网络硬件的电气特性所限制。CAN 总线传输速率可支持到 1 Mbps,可实现点到点、点到多点、广播等多种传输方式,CAN 总线硬件接口简单,可通过双绞线、同轴电缆或光纤进行传输(在 ARINC 825 中仅采用铜双绞线),具有数据出错率低、可靠性高等优点。CAN 总线的很多优点使它得到了广泛的应用,如传输速度最高到 1 Mbps,通信距离最远到 10 km,无损位仲裁机制,多主结构。CAN 总线具有较好的实时性能,在汽车工业、工业控制、安全防护等领域中都得到了广泛的应用,在航空工业的部分子系统中也得到了应用。

4.3.2　ARINC 429 总线

ARINC 429 数据总线是一种单向广播式传输总线,其调制信号如图 4-8 所示。在总线上只有一个发送器,且数据流只能从发送器向接收器传递,采用异步通信方式,但可以有多个接收器,最多为 20 个接收器。ARINC 429 总线通信采用带有奇偶校验的 32 位消息字,采用双极性归零的三态调制码方式,调制信号由"高""零"和"低"的三电平状态组成,高电平为 +6~+13 V,零电平为 -0.5~+0.5 V,低电平为 -13~-6.5 V。按开环方式控制传输,不需要接收器通知发送源收到信息。ARINC 429 总线电缆采用双绞屏蔽线,电缆线两端和所有断开点都应屏蔽接地,以提高信号在传输过程中的抗干扰能力。发送器输出阻抗为 (75 ± 5) Ω,在两导线间均分,使输出阻抗平衡,同时需保证发送器的"高""零"和"低"输出状态以及在电平瞬变过程期间均满足输出阻抗要求。接收器输入电阻大于 12 000 Ω,差分输入电容和对地电容都应小于 50 pF。

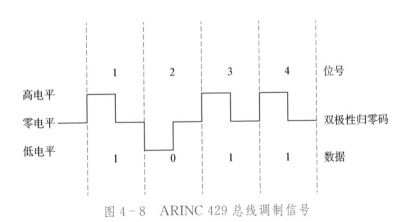

图 4-8　ARINC 429 总线调制信号

数据传输基本单位是字,每个字由 32 位组成。位同步信息是在双极归零码波形中携带,字同步是传输周期间至少 4 位的零电平时间间隔为基准,传输一个字共需 36 位时间间隔,例如,以 12.5 kbps 的速率传输时,每位的传输时间为 80 μs,每传输一个字的时间为 $(36\times80)\mu s=2.88$ ms;再如,以 100 kbps 的速率传输时,每位的传输时间为 10 μs,每传送一个 ARINC 字的时间为(36×10)μs=360 μs。紧跟字间隔后要发送第一位的起点为新字的起点,数据字传输顺序是先传输标识符,再传输数据位。当传输数据时,先传输最低位,再传输高位;当传输标示符时,先传输最高位,再传输最低位。

数据字有 5 种应用格式:二进制码十进制(BCD)数据字、二进制补码(BNR)数据字、离散数据字、维护数据字和导航(AIM)数据(即应答、ISO5 号字母表和用 ISO5 号字母表表示的维护数据)字。通用数据字 32 位功能定义如表 4-8 所示,主要包括以下几个部分。

表 4-8　ARINC 429 总线通用数据字组成

数据位	1～8	9～10	11	12～27	28	29，30，31	32
功能	label	SDI 或 data	LSB	data	MSB	SSM	parity
备注	标号域	数据源或数据的一部分	数据最低有效位	数据	数据最高有效位	符号/状态矩阵	奇偶校验位

(1) 标号(label):第 1～8 位是标号位。采用二进制编码,主要用于识别 BNR 与 BCD 数据中包含的信息;识别是"离散""维护"还是"AIM"数据字。在应用中,还可以利用设备识别字来识别不同的源设备。若传送的是 VHF 信息,则标号为八进制数 030;若是 DME 数据,则标号为八进制数 201 等。

(2) 源/目的标识(SDI):第 9～10 位是源/目的标识位。它指示信息的来源或信息的终端,例如一个控制盒的调谐字要送至 3 个甚高频收发机,就需要标示出信息的终端,即把调谐字输送至那个甚高频收发机。

(3) 数据(data):第 11～28(或 29)位是数据位,根据字的类型可确定为是 11～28 还是 11～29。它所代表的是所确定的特定数据。若标号为 030,则 11～29 位为频率数据,使用的是 BCD 编码数据格式,即位 11～29。

(4) 符号/状态(SSM):第 29(或 30)～31 位为符号/状态位。主要用于表示 BCD 数字数据的符号(正、负、北、南等)、离散数据字、AIM 数据字类型(初始字、中间字、控制字、结束字)和文件传输数据字的符号与状态等。在甚高频内使用 30～31 位(BCD 编码)。

(5) 奇偶校验位(parity)：第 32 位为奇偶校验位,它用于检查发送的数据是否有效。检查方法是如果由 1～31 位所出现的高电平的位数(即 1 的数)的总和为偶数时,则在第 32 位上为"1";如果为奇数,则显示为"0"。其具体状态位定义如表 4 - 9 所示。

表 4 - 9　状态位定义

31	30	BCD	BNR	DIS	AIM	FILE
0	0	正、北、东、右、向台、上	故障警告	正常工作	中间字	中间字
0	1	无计算数据	无计算数据	无计算数据	结束字	结束字
1	0	功能测试	功能测试	功能测试	初始字	初始字
1	1	负、南、西、左、背台、下	正常工作	故障警告	控制字	控制字

BCD 字的特性,如方向、符号、数值等均由 SSM 来识别。SSM 也可表明数据发生器硬件的状态,是无效数据还是试验数据等。BCD 字的第 30～31 位是 SSM 的状态码。当第 30、31 位为 00 时,则表示正号。但在不需要符号时,第 30、31 位也都是零。如果源系统不能向一个功能正常的系统提供可靠信息,则认为发送的是无效数据。无效数据有两种,一种是无计算数据,另一种是失效警告。因其他系统故障而使源系统不能计算可靠数据的,称为无计算数据。这时,SSM 为 01,源系统通知输出无效。当系统的监视器检测到一个或几个故障时,称为故障警告。这时,源系统便中止向数据总线提供有效字,并通知其输出无效。当 SSM 为 10 时,表示源系统在进行功能试验,数据或者由功能试验产生,或者是由指令给出的。

BNR(binary)字格式的符号状态码由两部分组成。第一部分是第 29 位,它表明字的性质,如方向、正负等。另外,在不需要符号时,第 29 位也是 0。符号状态码的第二部分是第 30 位和第 31 位,它表明数据发送器硬件的状态。当编码为 11 时,表示该硬件工作正常。当系统精确度变差时,便将第 11 位置于 1,而 SSM 仍保持为正常工作。精确度变差只能编进数据不超过 17 位的 BNR

字中,字中的位数只影响数据的分辨率,而不影响其范围。

DIS(discrete)字 SSM,当编码为 00 时,表示工作正常。如果源系统不能向一个功能正常的系统提供可靠信息,则认为发送的是无效数据,SSM 为 01。当 SSM 为 10 时,则表示源系统在进行功能试验,数据或者由功能试验产生,或者是由指令给出的。当系统的监视器检测到一个或几个故障时,这时,SSM 为 11,称为故障警告。这时,源系统便中止向数据总线提供有效字,并通知其输出无效。

4.3.3　ARINC 664 总线

ARINC 664 定义了基于 IEEE 802.3 以太网的轮廓,满足 IP 寻址、TCP 和 UDP 的基本要求,其规范分为以下 8 个部分:系统概念和简介;以太网物理层和数据链路层规范;网络通信协议与服务(在普通以太网的 TCP/IP 协议基础上,提出了网络层协议的安全架构,对协议和服务进行了修改而形成);网络通信地址和端口分配;网络互联服务;保留(保留内容以便将来对协议进行扩充);全双工交换式以太网(主要介绍了网络拓扑、主要设备及通信机制);上层和用户服务。

时间传输确定性、高可靠性以及低重量一直是机载数据总线追求的目标,从 ARINC 429 到 ARINC 664,机载数据总线不断采用新的技术,在可靠性、电缆重量减小以及传输确定性方面均有较大的提高。基于 IEEE 802.3 以太网的下一代航空数据网络(aircraft data network,ADN),充分利用了 COTS 的硬件,提升带宽和服务保证,最终推出了满足 ARINC 664 的全双工交换式以太网,降低了生产开发成本,缩短了研制开发周期,保证了商业航空需要的高传输率、鲁棒性以及兼容性。

交换式以太网开发思想在于尽可能减少总线竞争和提高传输效率。它采用星形布线结构,所有节点都分别连接到一个交换式集线器的端口上,交换式集线器内置一个复杂的交换阵列,任意两个端口之间都可以建立起一个传输信道,以标称传输速度传输数据。它的优点是克服了总线竞争,能显著提高系统的传输效率;缺点是不易控制最大传输时延。

ARINC 664 总线主要包含了终端系统(end system,ES)、交换机和链路。链路是用于连接 ES 和交换机的物理通路,通常可以使用铜或光纤作为传输介质。端系统之间在物理上是通过一条双绞线进行连接的,形成一条以太网链路,通过交换机进行交换与传播。ARINC 664 是基于一种网络概念而不是通常所说的总线形式,在这个网络上有交换机和终端两种设备,终端之间的数据信息交换是通过虚拟链路(virtual link,VL)进行的。VL 起到了从一个唯一的源端到一个或多个目的端逻辑上的单向连接,且任意一个虚拟链路只能有一个源端。

由端节点实现航空电子系统与 ARINC 664 网络的连接。ARINC 664 端节点为航空电子与网络的连接提供了接口,每一个航空电子系统的端节点接口保证了与其他航空电子系统安全可靠的数据交换,该接口向各种航空电子系统提供了应用程序接口,保证了各设备之间通过简单的消息接口实现通信。ARINC 664 互联器是一个全双工交换式互联装置,它实际上是一个网络切换开关,实现以太网消息帧到达目的节点。

ARINC 664 的实现结构采用了全双工交换式以太网,将每个信息包在节点之间传输的时间进行确定化,摆脱传统的半双工系统信息传输碰撞的限制。借鉴电讯通信标准中异步传输模式(asynchronous transfer mode,ATM)概念,解决了传输确定性网络要求高带宽和服务保障的问题。其具体结构是将每个航空电子子系统都直接连接在全双工交换机上,交换机包含两个相对和相应的发送和接收缓冲区,缓冲区按照 FIFO 原则存储多输入和多输出信息包,再由输入输出单元将缓冲区内部的信息按照顺序传输到所选择的航空电子子系统或另外的交换机,代替了碰撞和重发,保证了传输时间确定性。

ARINC 664 采用了星形拓扑结构,每个交换机可以连接 24 个终端节点,该交换机又可以作为终端节点连接到其他交换机上,形成更大的网络。系统采用双余度,提高了可靠性。ARINC 664 的第 7 部分允许其他总线标准(如 ARINC 429、MIL‒STD‒1553)等连接到网络实现不同标准之间的通信,其主要特点如下。

(1)网络:在启动时,将配置表中为各终端定义的参数装入到交换机中。

(2)全双工:物理层连接介质为两对双绞线,一对用于发送,一对用于接收,以实现全双工。

(3)交换网络:网络采用星形布局结构,每个交换机可以连接24个终端节点,通过级联的方式形成更大规模的网络。

(4)确定性:在物理链路中采用虚拟链路技术仿照点到点的网络,使网络具有确定性。

(5)冗余性:采用双余度网络,提高系统的可靠性。

(6)性能:网络的传输速率可以选择 10 Mbps 或 100 Mbps,默认为 100 Mbps。

ARINC 664 采用基于以太网技术的重要原因就在于以太网相对于 ARINC 429 和 MIL‒STD‒1553 等其他数据通信协议的巨大通信速率优势以及较广的发展前景。ARINC 664 为航空电子设备之间进行数据交换提供电气和协议规范,将现有的交换式以太网技术进行移植,采用终端系统和交换机构成的星形拓扑结构,根据航空电子系统通信的特点,引入虚拟链路技术和冗余机制。

ARINC 664 网络由终端系统、交换机和连接链路三大部分组成。每一个终端都与两个交换机相连,其中一个交换机作为冗余通信路径,另一个交换机负责以确定的方式交换网络中所有数据。交换机之间通过总线连接,形成骨干交换网络。

实时性的保障机制主要由终端系统实现,交换机具备流量管理和过滤功能。

ARINC 664 终端系统:终端系统作为 ARINC 664 网络重要的组成部分,

嵌入在航空电子子系统中,将航空电子子系统与 ARINC 664 网络连接在一起,提供连接接口,实现航空电子子系统与 ARINC 664 网络发送和接收消息的目的,保证了各个航空电子子系统之间数据交换的安全性和可靠性。该接口为各个子系统提供应用程序接口(application programming interface,API)以实现通信。由图 4 - 9 可以看出航空电子子系统与 ARINC 664 网络通过终端系统进行连接,航空电子子系统是飞机上传统的航空电子系统,如飞行控制系统、导航定位系统、疲劳压力检测系统、飞行管理系统等。航空电子子系统需要航空电子计算机为子系统与 ARINC 664 网络之间的连接提供嵌入式的终端节点和计算环境,并通过严格的地址分区和 CPU 时分控制来实现航空电子子系统之间的相互隔离。通常情况下,一个终端系统可以支持多个航空电子子系统的数据收发处理,如图 4 - 9 所示。

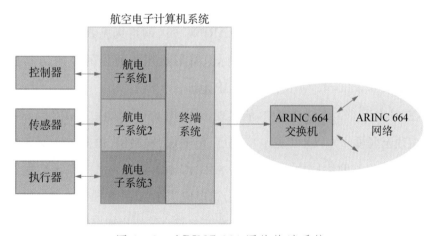

图 4 - 9　ARINC 664 网络终端系统

终端系统各个子系统是通过 ARINC 664 网络进行数据交换的重要环节,由于数据交换过程较为复杂,终端系统也必须具备多种功能。当航空电子子系统在发送数据时,终端系统应对需要交换的数据进行封装,形成信息包,然后进行流量的整形,选择传输策略。进行冗余控制,保证各种数据可以相互间无干扰、实时地发送到目的终端系统。当航空电子子系统进行数据的接收时,终端系统对接收到的数据要进行完整性检查和冗余管理,在确认接收无误时进行解封装,保证数据传输的鲁棒性和可靠性。

根据标准的要求,每个终端系统都有两个完全一样的全双工端口,这一对端口可以独立用也可以配置为冗余端口,即同一个数据同时通过两个端口进行发送。正常运行时每个节点上的两个交换机没有主从之分,它们分别独立工作,将输入的数据根据配置表转发至正确的输出端口,终端系统按照收到数据的先后顺序对数据进行冗余管理。

在子系统进行数据交换时,终端系统需向各种航空电子子系统提供 API。ARINC 664 端口在 ARINC 664 标准中定义了采样端口、队列端口和 SAP 端口,采样端口和队列端口对应于 ARINC 653 的采样和队列端口,SAP 用于 ARINC 664 和非 ARINC 664 系统之间进行通信。

终端系统使用一个 16 位的特定字段作为标识符,又分为两个 8 位标识符:网络 ID 和设备 ID。这个字段的值由 ARINC 664 网络集成者预先定义,在传输过程中固定不变。终端系统通过标识符形成用于通信的介质访问控制(media access control,MAC)地址和 IP 地址。

在 ARINC 664 终端系统中,能实现 ARINC 664 协议栈。ARINC 664 协议栈由顶至底可分为以下 5 层:应用层、传输层、网络层、数据链路层和物理层。在传输层与网络层中,系统根据 ARINC 664 协议要求对原始数据添加 UDP、IP 报头,接着增加以太网帧头后就形成了在 ARINC 664 通信网络中传输的统一格式。底层物理层是符合标准以太网协议的物理层接口。打包成功的数据通过物理层接口就能发送到互联网络中。

交换机是负责在网络中进行帧过滤、流量管理以及根据目的地址进行数据转发的设备。ARINC 664 的第 7 部分对交换机也提出了需求,即 ARINC 664 交换机必须具有固定的路由、VL 流量特性识别功能以及故障隔离功能。通过"信用量令牌桶"管制算法对每条虚拟链路进行控制,抑制时延抖动,确保在规定的时间内将互为冗余的数据包发送到接收端。此外,交换机内部还嵌入了具备节点配置加载服务和网络监视管理功能的终端系统。

ARINC 664 交换机主要包括 5 个功能模块,如图 4 - 10 所示。

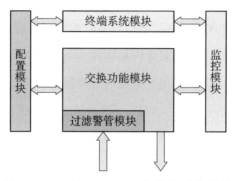

图 4 - 10　ARINC 664 交换机功能模块

(1) 过滤警管模块(filtering & policing function)。对到达交换机的所有帧根据一定的策略进行过滤,并将不符合参数要求的抛弃掉。一旦帧数据到达交换机,帧的构成及帧头各个域的内容都会被监控。帧过滤模块主要对帧的完整性、帧长、流量负载和目的地址等进行检查。被过滤确定为合法的帧则会提交给流量控制功能模块做进一步的审查,若流控功能模块发现分配给该帧所在VL 的带宽已经被占满,则该帧会被抛弃。以上这两个阶段除了过滤参数由软件配置外,实际功能由硬件实现。

(2) 交换功能模块(switching function)。依照帧中的 VL 号,查找对应的输出端口并输出,将通过帧过滤警管模块的合法输入帧转发给适合的物理端口。对于每一个合法帧,使用它的目标地址域从配置表项中获取该帧正确输出端口地址。如果输出端口因为缓冲阻塞不能接收帧数据,这一帧将被丢弃。一旦一个端口的链路出现故障,该端口的转发帧以及缓冲帧应全部丢弃。输出端口不发送超过最大延迟的帧。配置表针对每个端口设置了最大延迟参数。

(3) 配置模块(configuration function)。按照 ARINC 664 网络集成者设计的配置表完成对相关模块的配置。根据标准定义交换机中至少包含两个配置文件:默认配置文件和操作模式配置文件。默认配置文件用于交换机为空或正在加载数据的时候（交换机处于加载数据模式）。

（4）监控模块（monitoring function）。监控模块监控网络上交换机的工作状态。监控记录帧的接收、CRC 等事件，对内部的情况做统计，由硬件给出监控的原始数据，由软件实现数据采集以及监控数据库维护。

（5）终端系统模块。终端系统模块实现交换机与网络中其他设备的主动通信功能。除了不要求具有网络冗余度管理功能外，其余均与独立 ES 要求相同。在通常情况下，交换机会通过具有 ES 功能的端口进行对自身的配置加载或者将自身的监控记录报告给网络管理者。硬件实现 ES 的物理层和数据链路层功能，软件实现网络及其以上层的功能。在 ES 的应用层上还需要实现配置数据加载 ARINC 615A 等交换机辅助功能。

与商用以太网不同，ARINC 664 交换机集成了传输数据帧的检测、过滤与管理功能，同时采用静态路由配置表方式进行目的端口的寻址，以控制端口的寻址时间。配置完成后以文件的形式进行加载。加载文件以及配置表的格式应符合 ARINC 664 第 7 部分的规范。

一个 ARINC 664 网络一般包含多台交换机，不同交换机依据其内部的管脚编程配置的不同进行识别。可编程管脚有 12 位，管脚编程值取决于交换机在飞机内部的位置，并与交换机内部的终端系统默认的 IP 地址和 MAC 地址有关。

（1）流量控制的目的是确保每个虚拟链路不超过为其分配的带宽。对于流量控制一般可以采用字节过滤法或/和帧过滤法。帧过滤法是通过比较令牌数与参考值，来决定接收帧还是放弃帧。当接收一个消息帧后，就比较令牌平衡数与参考值，如果令牌平衡数大于参考值，就接收该帧并计算令牌平衡数；如果令牌平衡数小于参考值，就放弃接收该帧并记录一个错误，也不再计算令牌数。令牌数与令牌一起随着时间而增长。

（2）帧过滤和故障隔离：ARINC 664 网络内传输的数据帧有可能不符合规定，进而导致资源过度的占用或错误信息的传播。当以太网帧长度大于其所在的 VL 定义的最大长度时或当 VL 中存在不允许进入输入端口标识符的帧时,交换机将丢弃这些帧;当目的 MAC 地址中前部的 32 个二进制位违反 ARINC 664 第 7 部分的规范时,违规的帧也会被抛弃。交换机在收到数据帧后,按照 IEEE 802.3 标准对帧的 CRC 序列进行校验,若不满足测试,则交换机对该帧做丢弃处理。当端口发生故障时,可能使 VL 不受带宽分配间隙(bandwidth allocation gap, BAG)和最大帧长度的限制,交换机会收到一些无意义的信息包,产生了违规的流量。在运行期间发现不符合流量特性的 VL,应立即将其与输出端口断开,使正常工作的 VL 避免违规流量造成的阻塞。

4.3.4　ARINC 825 总线

CAN 总线由德国博世公司于 20 世纪 80 年代提出。数十年来,随着 CAN 总线在工业测控与汽车领域的普及,CAN 网络技术不断优化,取得了长足发展,并最终成为国际标准,是国际上应用最广泛的现场总线之一。航空工业领域在 2010 年制定了基于 CAN 协议的 ARINC 825 标准。

4.3.4.1　CAN 总线特点

CAN 总线是一种串行数据通信协议,其中包含了 CAN 协议的物理层以及数据链路层。可以完成对数据的位填充,数据块编码,循环冗余效验,帧优先级的判别等工作。其主要特点如下:

(1) 多主机方式工作,网络上任意一个节点(未脱离总线)均可以随时向总线网络上发布报文帧。

(2) 节点发送的报文帧可以分为不同的优先级,满足不同实时要求。

(3) 采用带有碰撞检测的载波侦听多路访问/冲突检测(carrier sense multiple access with collision detection, CSMA/CD)技术,当两个节点同时发布信息时,高优先级报文可不受影响地传输数据。

(4) 节点总数实际可达 110 个。

（5）采用短帧结构，每一帧最多有 8 个有效字节。

（6）当某个节点错误严重时，具有自动关闭功能，切断与总线的联系，致使总线上的其他操作不受影响。

4.3.4.2　CAN 总线物理层

（1）总线结构。CAN 总线采用双线传输，两根导线分别作为 CAN_H、CAN_L，并在终端配备有 120 Ω 的电阻。收到总线信号时，CAN 总线收发器将信号电平转化为逻辑状态，即 CAN_H 与 CAN_L 电平相减后，得到一个插值电平。各种干扰在两根导线上的作用相同，相减后得到的插值电平可以过滤这些干扰。

（2）总线电平。CAN 总线有两种逻辑电平状态，即显性与隐性。显性电平代表"0"，隐性电平代表"1"。采用非归零码编码，即在两个相同电平之间并不强制插入一个零状态电平。在传输隐性位时，CAN_H 与 CAN_L 上的电平均为 2.5 V；在传输显性位时分别为 3.5 V 与 1.5 V。

为了确保通信的正确性，总线信号必须在一定时间内出现在总线上，并且保证被正确采样，信号电平如图 4-11 所示。

4.3.4.3　CAN 总线硬件设备

（1）CAN 通信线缆：实现节点的互联，是传输数据的通道。在 ARINC 825 采用铜双绞线。

（2）CAN 驱动/接收器：将信息封装为帧后发送，将接收到的帧还原为信息，标定并报告节点状态。

（3）CAN 控制器：按协议要求设计制造，经简单总线连接即可实现 CAN 的全部功能，包括 SJA1000(Philips)、82527(Intel)。

（4）CAN 微控制器：嵌有部分或全部 CAN 控制模块及相关接口的通用型微控制器，现如今很多芯片都配备 CAN 接口。

4.3.4.4　CAN 报文帧结构

在 CAN 总线上，报文是以帧来发送的，数据帧格式如图 4-12 所示。

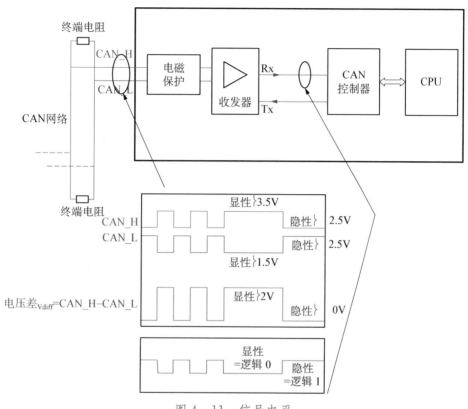

图 4-11 信号电平

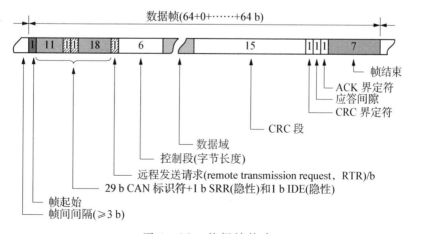

图 4-12 数据帧格式

（1）帧起始：在总线空闲时，总线为隐性状态。帧起始（start of frame，SOF）由单个显性位构成，标志着报文的开始，并在总线上起着同步作用。

（2）仲裁段：仲裁定义了报文的标识符，俗称 ID（identifier），包括 29 位 CAN ID、一位 SRR 和一位 IDE。

（3）控制段：控制段主要定义了数据域字节的长度。通过数据长度码，接收节点可以判断报文数据是否完整。

（4）数据域：数据域（data field）包含有 0～8 字节数据。

（5）CRC 域：CRC 又称循环冗余码效验（cyclical redundancy check），是数据通信中常见的查错方法。

（6）ACK 域：用于接收节点的反馈应答。

（7）帧结束：帧结束（end of frame）由一串 7 个隐性位组成，表示报文帧的结束。

4.3.4.5　仲裁机制

仲裁是总线应用中一个相当重要的概念，在 CAN 总线采用 CSMA/CD 技术。如果总线空闲（隐性位）有报文准备发送，那么每一个节点都可以开始发送报文。报文以显性位（报文帧开始位）开始，接着是标识符。如果多个节点同时开始发送报文，那么使用"线与"仲裁机制（仲裁用逻辑"与"）来解决总线冲突，确定优先级最高的报文，而不需要损失时间或数据（非破坏性仲裁）。仲裁机制使用标识符为判断依据，不仅代表报文帧的内容，还代表报文帧发送的优先级。二进制数越小的标识符，优先级越高；反之亦然。

4.3.4.6　CAN 总线报文帧种类

CAN 总线报文传输有以下 4 种不同的格式。

（1）数据帧：由发送节点发出，包含 0～8 字节数据。

（2）远程帧：发送远程帧向网络节点请求发送某一标识符的数据帧。

（3）错误帧：总线节点发现错误时，以错误帧的方式通知网络上的其他节点。

（4）过载帧：发送过载帧，表示当前节点不能处理后续的报文（如帧延迟等）。

4.3.4.7　CAN 总线错误

CAN 总线将错误分为临时性错误和长期性错误。前者主要由外部因素引起，如总线上驱动电压波形不规整、有尖峰或毛刺时，其数据传输性能会受到一定程度的短期干扰。长期性错误则主要由网络组建非正常状况引起，如接触不良、线路故障、发送器或接收器失效等。CAN 总线中每个具有数据通信能力的网络单元内部都集成有一个发送错误计数器和接受错误计数器。当该单元在数据发送阶段出现一次错误时，发送错误计数器自加 8；当该单元在数据接收阶段出现一次错误时，接收错误计数器自加 1。在相应计数器内容非 0 的情况下，网络单元每成功发送一帧，发送错误计数器自减 1；每成功接收一帧，接收错误计数内容原本小于 127 时自减 1，大于 127 时被置为 119～127 之间任意值。这样，如果某个网络单元的错误计数在不断增长，就说明该单元的数据通信在频繁发生故障。当计数器内容超过一定阈值时，可以认为该故障由长期性错误引起。这种机制保证了当某一个节点出现故障时，不会造成总线长时间瘫痪。

4.4　ARINC 661 标准显示接口

随着适航认证规则越来越严格，人机接口（HMI）设计越来越复杂，市场竞争越来越激烈，驾驶舱显示系统（CDS）的开发难度和开发成本在过去十几年间显著增加。由于缺乏行业规范，业内每一个参与者都遵循自己的一套开发方法和流程，系统的接口设计方式各异，因此给飞机驾驶舱显示系统的开发带来很大不便，通用性和开放性、成本约束面临巨大挑战。

20 世纪 90 年代末，为了解决上述问题，国际上成立了以空客、波音、罗克韦尔柯林斯、霍尼韦尔等为代表的飞机制造商和软件/硬件供应商组成的行业委员会，研究并制定了驾驶舱显示系统与用户系统间的接口规范，并于 2002 年由 ARINC 公司发布,即首版 ARINC 661 标准。随后,ARINC 661 标准陆续应用在空客 A380、波音 787、空客 A400M 等机型的驾驶舱显示上,并基于开发过程中汲取的经验教训和新的应用需求,不断进行修订和补充。最新的 ARINC 661 - 7 标准已经于 2019 年 6 月 17 日发布。

ARINC 661 标准定义了飞机驾驶舱显示的体系架构,将显示画面和显示控制逻辑分离,制定了丰富的显示部件以及可靠的通信机制,以支持交互式显示系统的构建。在基于 ARINC 661 标准的驾驶舱显示体系架构中,驾驶舱显示系统提供图形信息渲染和人机交互控制功能,与显示相关联的控制逻辑则由用户应用程序(user application,UA)处理。

4.4.1 ARINC 661 标准原理

传统上,驾驶舱显示软件是作为独立可执行程序开发的,其基于内部规则和逻辑进行信息显示,而 ARINC 661 标准将图形绘制和视觉对象的逻辑、状态、样式和位置控制进行了分离,这两个组件分别称为驾驶舱显示系统和 UA。此外,ARINC 661 标准将显示软件定义为一种运行时解释程序,它提供一系列部件组成的部件库,支持显示由这些部件组成的 UA 图形画面。同时,定义了 CDS 与 UA 间交互信息的标准,即 ARINC 661 标准运行时通信协议,当发生用户交互时,CDS 将操作事件或通知发送给一个或多个 UA,UA 处理完后会发送消息请求更新或更改 CDS 显示的部件。所有的显示内容,从图形元素到这些组件的可能分组,都通过一组有限的组件(称为部件库)来定义。在系统开发阶段,UA 开发者根据 HMI 定义利用 CDS 提供的部件库设计并基于 ARINC 661 标准定义形成二进制 UA 定义文件(definition file,DF),在系统启动时(定义阶段)由 CDS 加载并实例化。基于 ARINC 661 标准的驾驶舱显示系统原理如图 4 - 13 所示。

每个定义文件包含一个或多个图层,每个图层包含由众多部件组成的具有复杂父子关系的层次结构,定义了每个组成部件的初始属性(如位置、颜色和可

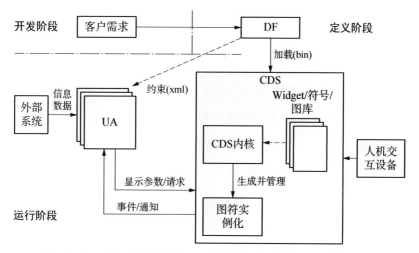

图 4-13　基于 ARINC 661 标准的驾驶舱显示系统原理

见性)。同时,图层和图层间也可进行链接,在一个 UA 的图层上显示另一个 UA 的信息。在 CDS 的物理显示器上,划分为一个或多个组成部分,称之为窗口。这些窗口可渲染一个或多个图层,窗口间不可重叠,窗口和图层的配置共同组成了物理显示器上的最终显示格式,如图 4-14 所示。

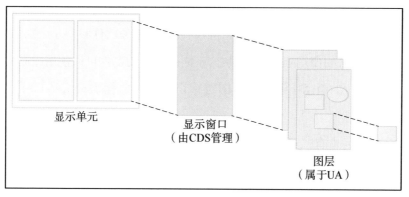

图 4-14　窗口和图层组成关系

一旦 CDS 完成定义阶段 DF 文件的加载,将进入运行阶段,对窗口部件属性的所有更改将由 UA 通过 ARINC 661 标准运行时命令控制。在运行阶段,

CDS 负责处理来自光标、触摸屏、键盘或其他输入设备的交互,这些交互可能会导致窗口部件的视觉外观发生变化(如当光标位于可交互部件上方时,部件会高亮显示)或由于做出选择和输入字符产生相应的事件。UA 通过接受这些控件事件做出相应的响应,以发送指令更新显示内容。

ARINC 661 标准通信接口的制定带来诸多好处。首先,CDS 的显示服务软件只需编写、编译、测试和认证一次,后续 HMI 的变更或系统功能的变更只需通过开发新的 DF 文件来完成对显示内容的更新和更改。其次,通过更新 UA 的控制逻辑或开发新的 UA 来完成功能的变更或增加。最后,促进了图形显示与逻辑控制以及其他方面任务之间的专业划分,提高了专业度,促进了技术水平的提高。因此,ARINC 661 标准极大地增强了 CDS 的开放性和通用性,促进了标准 HMI 的定义和开发,大大缩短了 CDS 的开发周期,降低了开发成本。

4.4.2 DF 文件和图层

图层是一组部件的组合,通过父子关系的链接构成复杂的层次结构,每个 UA 的 DF 文件可包含一个或多个图层,一个窗口可配置多个 DF 文件的多个图层。图层中的部件定义了初始位置和属性。每个 UADF 会由一个唯一的标识符标识,图层和部件也都会有标识符,以便显示服务软件和 UA 识别与控制。图层中的部件必须使用唯一的标识符,不同图层中的部件可以使用相同的标识符,因为在运行的消息中还将使用图层标识符和控件标识符来唯一标识一个部件。

DF 文件通常有二进制和 XML 文件两种格式,二进制 DF 文件用于 CDS 加载,XML 格式 DF 文件便于编辑和阅读。二进制和 XML 格式均在 ARINC 661 标准标识中定义。图层具有可见性和激活状态两种运行时属性,当图层不可见时,图层上的所有部件在显示窗口中均不可见;当图层不激活时,图层上的所有部件均无法交互。CDS 根据系统和指定的驾驶舱显示格式配置 UADF 的图层到指定的窗口,完成加载后图层默认为不激活也不可见。在运行时,根据窗口的显示格式配置和 UA 图层显示请求控制每个图层的激活状态和可见性。同时,CDS 会向 UA 通知图层的激活状态,以便 UA 控制该图层上的显示内容。DF 文件加载和图层管理如图 4 - 15 所示。

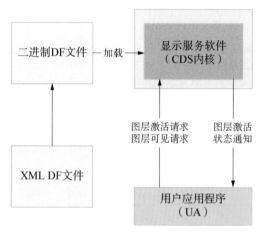

图 4 - 15　DF 文件加载和图层管理

4.4.3　ARINC 661 标准 Widget

在 ARINC 661 - 4 标准中,针对显示系统可能用到的基本显示组件,定义了一个 Widget 库,这个 Widget 库中一共包含了 68 个标准的 Widget。其中 42 个基本的 Widget, 8 个空间扩展补充(Widget Expansion Supplement)1 类型,7 个 Widget Expansion Supplement 2 类型,8 个 Widget Expansion Supplement 3 类型, 3 个 Widget Expansion Supplement 4 类型。对于每个 Widget,又明确定义了状态(States)、样式(Style Set)、位置(Position)、尺寸(Size)等详细属性和 Widget 之间可能的关系,以及 Widget 事件类型。

4.4.3.1　Widget 常用参数定义

(1) Widget 常用参数(Widget 识别参数)。

Widget 识别参数包含 3 个基本参数:WidgetType、WidgetIdent 和 ParentIdent。在 ARINC 661 标准中的基本 Widget 识别参数如表 4 - 10 所示。

表 4 - 10　Widget 识别参数

参数	描　　述
WidgetType	Widget 类型
WidgetIdent	Widget 识别号 WidgetIdent 是一个非零正数（[WidgetIdent]＞0）。空值是用来引用层级别的（如 ParentIdent）
ParentIdent	Widget 的直接容器识别号。只有被叫做容器的 Widget 的特殊种类才能是其他 Widget 的父层 Widget 在层中 Widget 层次结构的最高级别，ParentIdent 值为 0（NULL）。这就意味着父层 Widget 是 Layer

　　识别参数中 Widget 类型（即标准中的 WidgetType）在 ARINC 661 标准中有明确的定义，如表 4 - 11 所示。

表 4 - 11　Widget 类型定义

ARINC 661 Widget(16 b)	
A661_ACTIVE_AREA	0xA010
A661_BASIC_CONTAINER	0xA020
A661_BLINKING_CONTAINER	0xA030
A661_BUFFER_FORMAT	0xA040
A661_CHECK_BUTTON	0xA050
Reserved	0xA060
A661_COMBO_BOX	0xA070
A661_CONNECTOR	0xA080
A661_CURSOR_POS_OVERLAY	0xA090
A661_EDIT_BOX_MASKED	0xA0A0
A661_EDIT_BOX_NUMERIC	0xA0C0
A661_EDIT_BOX_NUMERIC_BCD	0xA0C2
A661_EDIT_BOX_TEXT	0xA0D0
A661_GP_ARC_CIRCLE	0xA0F0
A661_GP_ARC_ELLIPSE	0xA100
A661_GP_CROWN	0xA110

　　识别参数中的 Widget 识别号（即标准中的 WidgetIdent）由 UA 指定和管理，一个 Widget ID 在一个 UALD(UA 图层定义)中是唯一的。CDS 需要知道 Widget 属于哪个图层，以及这个图层属于哪个 UA。窗口/图层和 Widget 的概念关系如图 4 - 16 所示。

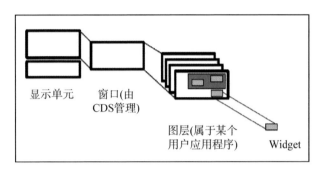

图 4 - 16　窗口/图层和 Widget 的概念关系

　　在定义阶段，CDS 通过 DF 文件中的[UAID]、[LayerID]、[WidgetID]识别 Widget。

　　在运行阶段，CDS 通过系统架构(物理通道和逻辑通道)识别[UAID]，因此[UAID]不出现在 ARINC 661 实时协议中。

　　识别参数中的父层 Widget 识别号（即标准中的 ParentIdent）应该是容器类型的 Widget 的识别号或者 0。因为父层 Widget 只能是容器。识别号 0 表示父层是 Layer，Layer 是 Widget 层级的最高层。例如，BasicContainer 的父层是 LayerA，它的 ParentIdent＝0；PushButton 的父层是 BasicContainer，它的 ParentIdent 是 BasicContainer 的 ID。图 4 - 17 是 Layer 与 Widget 层级示意图。

　　(2) Widget 常用参数(状态参数)。

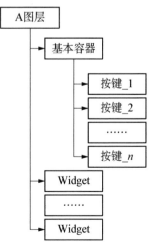

图 4 - 17　Layer 与 Widget 层级示意图

Widget 的状态参数包含个 3 基本参数：Visible、Enable 和 Anonymous。在 ARINC 661 标准中的基本状态参数如表 4-12 所示。

表 4-12　状态参数

参数	描　　述
Visible	A661_FALSE： 该 Widget 不会呈现 A661_TRUE： 如果所在的父控制都可见,则呈现 Widget 如果其父控制中任何一个不可见,则无论其 visible 参数是何值,都不会呈现 Widget
Enable	A661_FALSE： Widget 将不交互 A661_TRUE 或 A661_TRUE_WITH_VALIDATION： 如果其所有的父控件都被启用时,则 Widget 是交互式的 如果其父控件中的任何一个被禁用,则无论 Enable 参数的值是什么,Widget 都不是交互式的
Anonymous	A661_FALSE：运行时间可访问 如果 Widget 有一些运行时可访问的参数,那么 Widget 可以在运行时修改 A661_TRUE：匿名 Widget 在运行时不能被 UA 编辑。当一个 UA 尝试在一个匿名的 Widget 上修改参数时,CDS 的行为无法标识

识别参数中的可见性(即标准中的 Visible)有 2 个枚举值：

A661_FALSE 表示不绘制这个 Widget。

A661_TRUE 表示如果它的所有父层都可见,则绘制这个 Widget；如果它的任何一个父层不可见,则不绘制这个 Widget。

识别参数中的可交互性(即标准中的 Enable)用于设置该 Widget 能否交互,有 3 个枚举值：

A661_FALSE 表示这个 Widget 不能交互。

A661_TRUE 或者 A661_TRUE_WITH_VALIDATION 表示如果它的所有父层都能交互,则这个 Widget 能交互；如果它的任何一个父层不能交互,则这个 Widget 不能交互。需要注意的是,一个不可见的 Widget 是不能交互的,此时不管 Enable 参数设置为什么值。

识别参数中的匿名(即标准中的 Anonymous)有 2 个枚举值:

A661_FALSE 表示这个 Widget 可以实时修改实时参数。

A661_TRUE 表示 UA 不能实时修改 Widget 实时参数。

(3) Widget 常用参数(Look and Feel 特性)。

Widget 的 Look and Feel 特性可以用参数 StyleSet 来进行设置和选择,但并不是每一个 Widget 都具有 Look and Feel 特性。StyleSet 在 ARINC 661 标准中的基本特性参数如表 4-13 所示。

表 4-13　Look and Feel 特性参数

参数	描　　述
StyleSet	StyleSet 允许 UA 从一组预定义的图形特征中进行选择,以应用于 Widget。具有两个目的:第一,许多图形特征(色深、光晕、填充样式、线宽/图案、闪烁、透明度、字形、字符突出显示、字距调整、旋转等)本质上是 CDS 架构的一种功能。要求或不允许任何这些特征的指南超出了本文档的范围。第二,这些特征的应用通常是飞机原始设备制造商(original equipment manufacturer, OEM)希望在通用状态下所有 UA 之间保持一致。预定义样式之间的索引支持此目标。通用状态条件可以被定义为以相同的方式影响一个或多个用户应用程序的条件(如告警、警戒)。它也可以由单个应用程序使用,以方便和控制隐藏特征 因此,StyleSet 设置的任何与可单独访问的图形特征匹配的图形特征都将被 StyleSet 中指定的值覆盖。所有其他参数均采用其默认值。用于表示常见状态条件的隐藏图形特性只能通过 StyleSet 命令访问 该规范定义一个默认 StyleSet 值: STYLE_SET_DEFAULT 意味着默认图形特征会被使用。 飞机 OEM(或者 CDS 供应商)定义 StyleSet 值的列表。 可能的 StyleSet 值的示例: STYLE_SET_NOMINAL　　　　STYLE_SET_SELECTED STYLE_SET_ADVISORY　　　　STYLE_SET_PRESELECTED STYLE_SET_CAUTION　　　　STYLE_SET_ENGAGED STYLE_SET_WARNING　　　　STYLE_SET_ARMED 　　　　　　　　　　　　　　STYLE_SET_NOT_ENGAGED

Look and Feel 特性基本概念:

Look 是指 Widget 的外观图形特性,如颜色、边框、填充、光晕、线宽、线的样式、闪烁、透明、字体、字符高亮、字间距、旋转等。Feel 是指 Widget 的行为，如一个可交互的 Widget 以什么方式被飞行员选择（将光标移到 Widget 上，并点击它）。

UA 负责功能逻辑，而功能状态又与 Look and Feel 相关，为了让 UA 和 CDS 分开，UA 使用一组索引号，指向不同的 Look and Feel，反映其功能状态，Widget 的 StyleSet 参数即提供这一功能。通常，这些 Look and Feel 特性是飞机 OEM 在人机功效接口文件中定义的，适用于所有的 UA，使得整个驾驶舱显示一致。

Look and Feel 特性的参数样式设置（即标准中 StyleSet）允许 UA 将一组预先定义的图像特性应用到 Widget 上。并且，用 StyleSet 定义的图形特性优先于其他图形特性。ARINC 661 标准中定义了一个缺省值 STYLE_SET_ DEFAULT，其他值由飞机 OEM 或 CDS 供应商定义。

以 CheckButton Widget 为例，StyleSet 参数设置如图 4 - 18 所示。

StyleSet	字符颜色	图标颜色	选钩颜色	背景颜色	边框颜色	其他
StyleSet_Disable_Unselected	深灰	深灰	N/A	黑	中灰	
StyleSet_Disable_Selected	深灰	深灰	深灰	黑	中灰	字符字体：中 边框线宽：0.8mm 图标线宽：0.8mm 选钩线宽：0.8mm
StyleSet_Normal	白	中灰	N/A	黑	中灰	
StyleSet_Highlighted	白	中灰	N/A	黑	青	
StyleSet_Selected	白	中灰	N/A	黑	青	
StyleSet_Selected_Highlighted	白	中灰	青	黑	蓝	

图 4 - 18　StyleSet 参数设置

CheckButton Widget 的 Look and Feel 特性的外观和功能表现如图 4 - 19 所示。

（4）Widget 常用参数（Widget 位置和大小）。

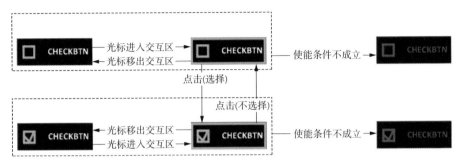

图 4 - 19　CheckButton Widget 的 Look and Feel 特性

Widget 的位置和大小参数包含个 4 基本参数：PosX、PosY、SizeX 和 SizeY。在 ARINC 661 标准中的基本定义如表 4 - 14 所示。

表 4 - 14　Widget 的位置和大小参数

参数	描　　述
PosX	Widget 参考点的 X 位置是相对于 Widget 容器(父级)参考点的绝对 X 位置的偏移量
PosY	Widget 参考点的 Y 位置是相对于 Widget 容器(父级)参考点的绝对 Y 位置的偏移量
SizeX	Widget 的 X 维度尺寸(宽度)
SizeY	Widget 的 Y 维度尺寸(高度)

Widget 的原点定义在它的左下角，而容器内 Widget 的原点相对于容器。一般来说，屏幕长度度量单位为毫米(mm)，分辨率精确到 0.01 mm。对于不符合上述通用定义的特殊情况，将会在 Widget 参数定义中详细说明。

Widget 的剪裁区可以通过 PosX、PosY、SizeX 和 SizeY 来定义，PosX 和 PosY 分别表示 Widget 剪裁区原点的 X 坐标和 Y 坐标，SizeX 和 SizeY 分别表示 Widget 剪裁区的方向大小，区域之外的图形特性不需要绘制。这个剪裁区为 Widget 的静态区域。有动态部分(如 PopUp)的 Widget，其大小另外定义。

（5）Widget 常用参数(与 Focus 顺序相关的参数)。

Focus 是 Widget 的一种状态，在这个状态下，Widget 接收机组人员通过键盘或除了光标控制器之外的其他装置（如滚轮）的输入（事件）。例如 EditBox，处于编辑状态时，是 Focus 状态。机组人员可以通过 TAB 键，按照 EditBox1—>EditBox2—>EditBox3—>EditBox1 的循环方式，选择编辑哪个 EditBox。也可以在一个 EditBox 编辑确认后，自动跳到下一个 EditBox。这就是 Fcous 的序列。

Focus 顺序相关的参数在 ARINC 661 标准中的基本定义如表 4 - 15 所示。

表 4 - 15　Focus 顺序相关的参数

参数	描　述
NextFocusedWidget	下一个 Widget 的 Widget 标识专注于机组人员验证
AutomaticFocusMotion	A661_FALSE： 无自动运动。在机组人员验证之后，Focus 保持在 Widget 直到 Focus 发生明确移动为止 A661_FALSE： 根据 NextFocusedWidget 参数，在机组人员验证后将 Focus 自动移到下一个 Widget

参数 NextFocusedWidget 表示在机组人员确认后，Focus 可以移动到的下一个 Widget 的 ID。参数 AutomaticFocusMotion 有 2 个枚举值：A661_FALSE 和 A661_TRUE。A661_FALSE 表示 Focus 不能自动移动；A661_TRUE 表示在机组人员确认后，Focus 自动移动到由 NextFocusedWidget 参数定义的 Widget 上。需要注意的是，Focus 可以在同一个 Layer 中移动，也可以在不同的 Layer 中移动，且这些不同的 Layer 可以由不同的 UA 拥有。

4.4.3.2　Widget 事件定义

当机组人员操作一个可交互的 Widget，则产生了一个事件，CDS 将这个事件通知拥有这个 Widget 的 UA。Widget 事件一定是人为操作的结果。例如，一个 RadioBox 包含 2 个 CheckButton，其中一个处于选中的状态，这时，如果机组人员选中了另一个 Button，新选中的 Button 则发送一个 A661_EVT_

STATE_CHANGE 事件给 UA。此时,CDS 需要将另一个 Button 设置为非选中状态,而不需要再发送一个事件给 UA。

能触发产生事件的 Widget 有 34 个,不同的 Widget 可触发 22 种不同的事件,在 ARINC 661 标准中对于这些 Widget 和事件有详细的列表。

4.4.3.3　Widget 类型

根据 ARINC 661 标准,Widget 可以分为以下几类:容器(container)、图形表示(graphical representation)、字符串(text string)、交互(interactive)、地图管理(map management)、动态运动(dynamic motion)、应用类(utility)、UA 确认(UA validation)。

但这些分类并不是互斥的,一个 Widget 可能属于其中的几个类别。

按照 ARINC 661 - 4 标准,容器类别的 Widget 共有 21 个。其中,虽然 Layer 不是一个 Widget,但考虑到它可以是 Widget 的父层,所以也属于容器类别。大多数的 Widget 都具有图形表示,用 StyleSet 参数来表示。显示字符串的 Widget 共有 24 个,如 Button 类、Label 类、Edit 类、List 类等。描述字符串参数的每个 Widget 中都有详细参数结构表,例如,DefaultStyleText 表示缺省的图形特性,ITEM_STYLE 表示图形特性,MaxStringLength 表示字符串的长度(包含 ESC 序列和结束字符 NULL;如果有多个 NULL 结束符,则只包含第一个)。可用的字符集包括通用的 ASCII/UNICODE,ARINC 661 标准中扩展定义的和未定义的内容由用户自定义。对于交互类型的 Widget,操作人员可以对可交互的 Widget 进行操作,交互操作引发 CDS 发送事件给 UA。对这类 Widget 的交互操作,改变 Widget 的状态,从而改变图形外观。动态运动类型 Widget 的 PosX 和 PosY 参数是可以实时修改的,以实现 Widget 的实时移动。

在显示页面中,地图管理类型的 Widget 分为两类:水平地图和垂直地图。水平地图 Widget 包含 MapHorz、MapHorz_Source、MapHorz_ItemList 和 MapGrid。垂直地图 Widget 包含 MapVert、MapVert_Source、MapVert_

ItemList 和 MapGrid。这两种地图管理方式类似,应用类型的 Widget 不是容器,没有图形表示,也不能交互。这类 Widget 具有特定的功能,以扩展或优化 ARINC 661 的使用。共包含以下几个 Widget:BufferFormat、Connector、CursorRef、FocusLink、FocusIn 和 FocusOut。

UA 确认类型的 Widget,它们的事件需要 UA 确认。CDS 发送机组人员交互事件给 UA,然后在一段时间内等待 UA 确认事件(接收 UA 应答),在 UA 确认前,不接收机组人员的其他交互操作。为了实现这类应用,在定义阶段或运行阶段,UA 需设置 Enable 参数为 A661 _ TRUE _ WITH _ VALIDATION,表示这个 Widget 的事件需要 UA 确认。在实时运行阶段,UA 完成确认后,发送 A661_ENTRY_VALID 参数给 CDS。但有些 Widget 支持这项功能,有些不支持(在 ARINC 661 标准的列表有详细表格)。

4.4.4　ARINC 661 标准通信协议

4.4.4.1　CDS 通信设计阶段分析

依据 ARINC 661 标准规范,CDS 通信设计基本可分为三个阶段:开发阶段、定义阶段和运行阶段。在开发阶段中,主要根据客户需求形成客户需求说明,继而在定义阶段设计结构化的 DF。实质上,可以将 DF 的设计理解为一种图形用户界面(GUI)文件的设计。DF 设计完成后,可通过加载器导入到 CDS 中,CDS 由一个具有创建和管理 ARINC 661 标准图符功能的内核进行管理,窗体部件库存储于 CDS 系统内部,CDS 内核根据 DF 文档中的信息进行初始化,随后系统便进入运行阶段,即 UA 与 CDS 之间将按照规定进行通信。

在运行阶段,UA 和 CDS 的数据交互可分为两方面:一方面是由 UA 向 CDS 发出请求,用于更新运行时窗体部件参数,或改变 CDS 管理着的那些实体的状态;另一方面是 CDS 向 UA 发出通知,主要是人机交互中产生的事件或 CDS 的配置指令。UA 通过运行阶段协议来实现对它所拥有的层及内容的控制,并对 CDS 发送的事件信息进行处理,CDS 采用运行时协议介绍更新后的 Widget 属性,完成对层的显示。

ARINC 661 标准规范定义了 CDS 与 UA 之间的通信指令及数据交换格式,对于数据传输的可靠性考虑及数据的源选择等通信细节的定义则属于 OEM 定义的范畴。可以提取 ARINC 661 标准扩展数据块的特征属性,作为设计通信机制的关键,通过定义扩展数据块的关键字来保证 UA 和 CDS 通信的可靠性。既能够实时监控 CDS 与 UA 之间数据链路的健康状态,又能在多个 UA 实例共存的情况下灵活地进行源选择。在当前通信终止时及时建立起与从属 UA 实例的连接,最终在实现源选择功能的同时提高了通信的可靠性。

4.4.4.2　连接建立握手设计

UA 或 CDS 上电之后,周期性地向对方发送握手信息以建立连接,同时监控通信链路的健康状态。该握手信息可以由 ARINC 661 标准扩展数据块的头信息来实现,提取扩展数据块头信息中的服务可用标志和假定健康标志,作为判断连接是否建立的关键字。

依据 ARINC 661 标准的附录 F‐6,ARINC 661 标准扩展数据块的头信息数据结构定义如表 4‐16 所示。

表 4‐16　ARINC 661 标准扩展数据块的头信息数据结构定义

偏移量/字节	长度/位	参数	描　　述	值/类型
0	16	Start Marker	分程序模块起始点标志	BS 0x4253
2	16	Extended Block Size	扩展块(包括标头)的大小(以字节为单位)	12
4	4	Source	标示 CDS 或 UA 消息块的发起者	0～15
	4	Destination	消息块要发送到有标志的 CDS 或 UA	0～15
5	8	Number of Groups	扩展块中的组数	0

偏移量/字节	长度/位	参数	描 述	值/类型
6	8	Service Available	由 UA 使用,以指示与此连接关联的服务是否可供 CDS 使用	True/False
7	8	Assumed Health	对于每个连接,CDS 和 UA 计算其对应方的健康状况,并在随后的传输中回送这个假定的健康状况	True/False
8	32	Lowest Sequence No.	用于可靠通信协议,指示正在发送或将要发送的数据的最低序列号	

其中,参数"Service Available"长度为 1 个字节,表示发送方自身可用状态,取值为 True/False,用于发送方表明自身可用状态,当发送方检测到自身状态不正常时,将服务可用标志设置为 False 以通知接收方。

参数"Assumed Health"长度为 1 个字节,表示发送方对接收方健康状态的假设,取值为 True/False,用于发送方对接收方健康状态的假设。在每个数据周期,当发送方连续几个周期没有收到来自接收方的握手信息时,将假定健康标志设置为 False,该方式有助于检测由于双向通信中的单向链路故障导致的通信问题。

依据连接建立握手设计,只有当发送方和接收方的服务可用标志均为 True,并且发送方收到假定健康标志为 True 的握手信息,接收方也收到假定健康标志为 True 的握手信息时,才判定两者握手成功。

4.4.4.3 源选择设计

在实际驾驶舱显示系统设计中,同一 UA 可能包含多个实例用于系统备份以保证可靠性,这时需要通过源选择机制选择合适的 UA 与 CDS 进行通信。源选择设计,即在多个 UA 实例共存的情况下,CDS 从已经建立连接的健康 UA 实例中选取一个 UA 进行通信。为了兼容来自不同供应商的各个成员系统,源选择设计可以支持以下 3 种源选择方式。

(1) UA 实例通过内部决策进行源选择:各 UA 实例通过内部通信监控对

方的运行状态,选择出一个 UA 实例作为主控 UA,其他的 UA 实例均作为从属 UA,并将主控 UA 的服务可用标志设置为 True,从属 UA 的服务可用标志设置为 False。

(2) 机组人员手动进行源选择切换:被机组人员选中的 UA 实例作为主控 UA,未选中的 UA 实例作为从属 UA。主控 UA 的服务可用标志设置为 True,从属 UA 的服务可用标志设置为 False。

(3) CDS 按照设定的优先级对 UA 实例进行源选择:当 CDS 发现同一 UA 的多个实例均与其成功建立握手连接时,CDS 应依据预先设定好的优先级顺序,选择优先级最高的 UA 实例作为主控 UA。

4.4.4.4　正常通信设计

选定主控 UA 之后,CDS 向其发送激活通知 A661_NOTE_LAYER_ACTIVE;主控 UA 收到激活通知后,向 CDS 发送 Widget 参数更新命令 A661_CMD_SET_PARAMETER,以及图层可见性请求 A661_REQ_LAYER_VISIBLE。CDS 和 UA 之间所有的 ARINC 661 标准指令均按照扩展数据块格式进行封装和解析,即每个 ARINC 661 标准扩展数据块包含 1 个扩展块头信息和多个数据组,每个数据组包含 1 个数据组头信息和 1 个或多个 ARINC 661 标准运行时数据结构。依据 ARINC 661 标准的附录 F – 6,ARINC 661 标准扩展数据块的头信息数据结构定义如图 4 – 20 所示。

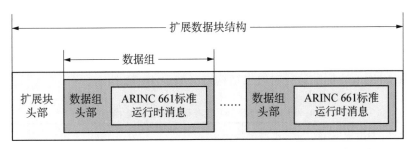

图 4 – 20　ARINC 661 标准扩展数据块的头信息数据结构定义

其中,扩展块头信息结构定义如表 4 – 17 所示。

表 4 – 17 扩展块头信息结构定义

偏移量/字节	大小/位	参数	描述	取值/类型
0	16	Start Marker	表示扩展块的起始标志	BS 0x4253
2	16	Extended Block Size	表示扩展块的大小	0～65535
4	4	Source	识别消息块发起方是 CDS 还是 UA	0～15
	4	Destination	识别消息块接收方是 CDS 还是 UA	0～15
5	8	Number of Groups	表示负载数目	0～255
6	8	Service Available	表示发送方自身可用状态	True/False
7	8	Assumed Health	表示发送方对接收方健康状态的假设	True/False
8	32	Lowest Sequence No.	表示数据负载序号的最小值	

数据组头信息的结构定义如表 4 – 18 所示。

表 4 – 18 数据组头信息的结构定义

偏移量/字节	大小/位	参数	描述	取值/类型
0	16	Start Marker	表示数据组的起始标志	GS 0x4753
2	16	Data Group Size	表示数据组的大小	
4	32	Sequence Number	表示该数据组的序号	

ARINC 661 标准运行时数据结构定义如表 4 – 19 所示。

表 4 – 19 ARINC 661 标准运行时数据结构定义

参数	类型	大小/位	描述
A661_BEGIN_BLOCK	uchar	8	表示 ARINC 661 标准运行时数据结构的起始标志
LayerIdent	uchar	8	表示相关层的 ID

（续表）

参数	类型	大小/位	描　　述
Context Number	ushort	16	附加到每个图层的 ContextNumber 值 UA－＞CDS：CDS 连续命令块返回的值 CDS－＞UA：UA 附加在上次收到的命令块的值
Block Size	ulong	32	表示数据块大小
{A661_R－T_Command}＋	N/A	{32}＋	表示 1 个或多个运行实时指令
A661_END_BLOCK	Uchar	8	表示块结束标志
UnusedPad	N/A	24	N/A

如果 CDS 在特定时间内仍未收到来自主控 UA 的可见性请求,则应重新发送激活通知 A661_NOTE_LAYER_ACTIVE 以防止关键数据丢包,提高关键数据传输可靠性。

由于 CDS 和 UA 的正常数据交互是基于事件触发的,因此当两者之间没有实时消息交互时,通过空数据负载的扩展数据块保持连接,即 CDS 周期性地向当前 UA 发送空数据负载的扩展数据块,当前 UA 也周期性地向 CDS 发送空数据负载的扩展数据块,以监控通信链路的健康状态。

4.4.4.5　终止通信设计

终止通信设计是指 UA 与 CDS 之间停止正常的数据通信,但继续保持握手信息交互,包含以下 2 种终止方式。

(1) UA 发起的终止,即当发生以下 3 种情况时：UA 检测到自身的健康状态不好；UA 检测到与 CDS 的连接超时；UA 由主控 UA 变为从属 UA, UA 将服务可用标志由 True 变为 False。

(2) UA 发起终止之后,即 CDS 检测到 UA 的服务可用标志由 True 变为 False 时, CDS 应向 UA 发送图层关闭通知 A661_NOTE_LAYER_INACTIVE 以确认终止通信。

(3) CDS 发起的终止：当 CDS 检测到与 UA 的连接超时时,应向 UA 发送图层关闭通知 A661_NOTE_LAYER_INACTIVE 以终止通信。

　　本章介绍的 ARINC 661 接口通信设计,将 CDS 和 UA 之间的交互数据按照 ARINC 661 标准扩展数据块进行封装。UA 通过该方法来实现对图层及部件显示的控制,并对 CDS 发送的时间消息加以处理,能够对驾驶舱显示系统通信链路的健康状态进行监控,同时满足多个 UA 实例共存的源选择要求。

5

驾驶舱显示控制新技术发展

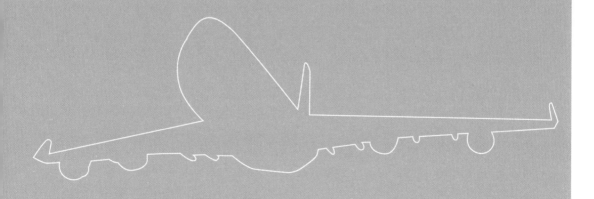

5.1　语音控制

5.1.1　语音识别技术

所谓语音识别技术,就是让机器通过识别和理解人类的语言,把语音信号转变为相应的文本或计算机控制指令的技术。首先,人的说话声音通过转换装置,传入带有计算机的语音识别系统;其次,提取适合匹配的语音特征,再与系统中经过训练并存储在系统中的样本库按一定的匹配准则相匹配,得到最佳匹配,从而获得语音信号的语音含义;最后,按预先要求执行相关命令。

根据语音识别的定义可以看出,语音识别有两种含意:第一种是将口述语言转换为相应的书面语言;第二种是对口述语言所包含的要求或询问做出正确或是人们期望的响应。作为专门的研究领域,语音识别又是一门交叉学科,它融合了声学、语言学、心理学、计算机科学、统计学、人工智能、数字信号处理等众多学科。其最终目标是实现与机器无障碍实时进行语言交流。语音识别技术主要应用方向有语音听写服务、语音查询服务和语音控制。

目前文本输入主要是依靠人手敲击键盘来进行,这种工作费时费力,纯粹是体力劳动。如果通过话筒直接输入,不仅使人从乏味的体力劳动中解放出来,而且书写效率高得多。语音技术可为火车、飞机预订及时提供查询服务,也可提供旅游服务。只要说出当前位置和感兴趣的景点,系统就会以图文并茂的形式显示最佳路线、费用及其他相关信息。通过语音可控制儿童玩具,给儿童带来快乐,用语音控制家电给普通家庭带来方便,给残疾人带来生活便利,用声音控制设备带来时效性,这对于作战飞机尤为重要。语音技术的应用前景非常广。

5.1.2　语音控制与飞机操作系统的综合

现在的飞机驾驶舱中,已有部分功能实现了语音控制,随着驾驶舱技术与语音识别技术的进一步发展,未来驾驶舱中将更为普遍地采用语音控制技术。语音识别(speech recognition,SR)技术和语音控制(voice control,VC)技术在飞机驾驶舱中的应用与研究已有 30 多年,其优点已得到飞行验证。随着语音技术的发展,语音控制在驾驶舱中的应用将会变得实用、灵活和可靠。毋庸置疑,人与计算机交互作用最容易、最自然和最理想的方法是直接语音(direct voice,DV)输入。

当飞行员使用语音控制时,飞行员发出语音命令,机器对其进行识别,转换成操控命令,实现导航、通信、画面切换等功能。语音识别及控制可使飞行员在保持双手不离杆或保持平视时,使用语音作为画面切换、数字输入的设备,降低了飞行员的工作负担。

目前,欧洲"台风"战斗机是世界上首次装备语音识别系统的机型。直接语音输入设备允许飞行员使用语音命令实现模态选择和数据登录程序。命令覆盖传感器、武器控制、防卫帮助管理和飞行中的操纵,提供 24 个原来需要指尖控制的指令。该系统属于特定语音识别系统,响应时间约为 200 ms,识别率超过 95%。

F-35 战机也装备了语音识别系统,它适用于驾驶舱噪声环境,飞行员通过氧气面罩上的麦克风进行语音输入,经这套软件识别后,控制信息反馈显示在飞行员的头盔上。该系统能"听"飞行员的口头命令,实现对驾驶舱与航电部分功能的操控。该系统经受了过载为 6 和噪声 120 dB 环境的飞行考验。

世界上有许多民航公司都进行反复研究与探讨,试图将现在军用飞机的语音控制技术应用到民用飞机上。虽然通过几十年发展,语音识别的能力和灵活性以及其对语音控制的应用已有所提高,但当前的语音识别和语音控制系统还不能够达到预期的性能水平。主要表现在:第一,语音识别技术还没有做到自然人识别语音的程度,识别率有限,不能实现 100% 的准确率识别语音命令;第二,语音识别技术受环境噪声、高过载下飞行员的发音变化等原因的影响,识别率会有所下降。

5.2 单人驾驶技术

目前航空行业的发展面临如下问题：民航飞行员短缺，雇佣、培训、保险成本高昂。预期至 2035 年，全球航空业将需要 61.7 万名飞行员。其中，中国需要 9 万名。据民用航空行业数据统计，单个飞行员的初始培训成本大于 100 万元，占航空公司运行成本的 10%。与此同时，由驾驶舱人为因素导致的航空事故数一直占据着飞行事故的主要原因。如何解决飞行员与飞机驾驶舱以及飞行员与航空公司运营成本间的"矛盾"成了航空研究人员的关注重点。

无人驾驶技术由于其无可比拟的智能化操纵方式成为上述问题的一个理想解决方法。理想的无人驾驶技术可以在保证安全性的前提下，极大降低航空公司运营成本。空客公司在 2020 年 6 月完成了"自主起飞、滑行和着陆"（ATTOL）项目的飞行测试，为未来民机领域的无人驾驶跨出坚实的一步。但当前，无人驾驶技术在实用化方面还缺乏验证，无法证明其应对意外和紧急情况的安全性，短时间内无法作为成熟技术应用在航空领域。单人驾驶技术被认为是无人驾驶技术的最佳过渡阶段，它具有如下优势：降低飞行员雇佣/培训成本，增强运营灵活性，提升航空公司效益。据航空公司数据统计，单人驾驶机组的推广每年预计可为航空公司节省数百万美元的成本，同时进一步缓解航空公司飞行员短缺的压力。

单人驾驶的核心是发挥人工智能特长，采用人工智能（artificial intelligence，AI）取代副驾驶工作，辅助机长获取信息和决策，解决飞行员在失能等特殊情况下的飞行安全问题。

基于协作智能理念，构建 AI 副驾驶，让飞行员和飞机更好合作。梳理机组所有工作场景，对飞行前准备到完成飞行任务离机所有工作流程，按照系统工程利益相关方需求捕获的方法开展人机角色分工、需求捕获和分析。采用语音识别技术,接收飞行员指令,执行特定操作、指导操作程序,查询飞行手册,弥补飞行员并发处理、复杂信息记忆方面的不足。通过监控飞行员状态由飞行员生理特征判断飞行员健康状态;监控飞行员操作,判断飞行员是否存在非法操作/恶意劫持;对飞机状态进行监控可以协助飞行员监控飞机关键参数、运行状态并指导紧急情况下的操作;环境监控可以监控气象、地形、空中交通状况、通信状态、空中管制情况等,当出现紧急状况时,立即向飞行员发出警告。

基于空地互联和飞行在线技术应对飞行员失能,在飞行员失能的紧急状况下,通过地面控制接管飞机驾驶,防止飞机失控。空地互联实现地面控制站与飞机间的实时通信;卫星通信技术提升通信实时性;空地互联技术实时同步地面和飞机状态信息。飞行在线通过空地数据链将飞机上系统状态、飞行参数、驾驶舱视野等情况传输到地面,在地面的模拟驾驶舱中解析这些数据并重现驾驶舱实时状态;飞行仿真技术构建1:1比例高仿真度模拟驾驶舱模型,通过空地数据链传输的数据可以驱动模拟驾驶舱中的面板显示、杆舵状态、驾驶舱视野等。经验丰富的飞行员控制地面上的模拟驾驶舱并通过空地数据链将地面模拟驾驶舱中飞行员的动作和指令同步传输到空中飞机,实现对飞机的远程控制。

首先,除了自主飞行领域外,人工智能/机器学习有望为系统设计开辟新的道路。例如可以优化数学模型参数,从而减少了对某些参数值和逻辑条件组合分析的需要。典型的应用包括飞行控制律(control law)的优化、油箱数量评估、结冰探测和未来更多的应用。其次,这些技术还可用于改进设计过程。例如,基于机器学习的工具可以开发以支持在选择相关非回归测试集时进行工程判断。最后,人工智能/机器学习可以为物理现象建模提供解决方案。它还可用于优化依赖物理现象演示的认证流程,如电磁干扰、电磁兼容、高强射频现象。

随着数字化发展的推进,生产和维修中心需要处理的数据量稳步提升,依赖 AI 技术处理数据的需求也在不断增加。其中,在制造业引入的数字孪生技术以及在生产链和预测性维修中引入的物联网,尤其需要对大量的数据以及信号进行识别处理。

如今,发动机制造商不再是销售发动机和零备件,而是销售发动机使用飞行小时。这种方式的转变意味着,为了避免飞机延误带来的损失,发动机签派的可靠性和安全性同样也是发动机销售的一部分内容。通过大量数据驱动的基于 AI 预测性维修能够预测故障并提供预防性补救措施,从而提高了发动机使用的可靠性和安全性。行业关键参与者已经认识到预测性维修的商业价值。例如,空客公司的飞机维护分析中心为一百多家客户提供服务。它能够持续监控飞机运行状况,实时传输故障或告警消息给地面控制中心,并根据数据分析,提供最为有效的故障解除方法。某些大学研究估计,预测性维修可使飞机可用性提高 35%。

5.3　虚拟驾驶舱

虚拟驾驶舱(virtual cockpit)是虚拟现实技术在航空领域的重要应用。它由计算机虚拟环境发生器、头盔显示器、声音告警系统、语音识别器、头/眼/手跟踪系统以及触觉、动觉系统构成。虚拟驾驶舱能使人进入一种封闭的虚拟环境,通过人机接口输出三维视觉、听觉和触觉信息,多通道刺激人的感官,从而使人头脑中形成身临其境的感觉。同时,又能接收人的手指动作、语音、头眼指向等多通道控制信息,实现人机交互。虚拟驾驶舱具有临境性、交互性和想象力的特点。利用虚拟驾驶舱技术,能增强飞行员对情况的了解,摆脱常规任务的束缚,减轻工作负担,提高工作效率,并实现驾驶舱显示、控制的综合化和智能化,满足未来有人和无人飞行器驾驶舱的需要。

5.3.1　虚拟现实的概念及特征

升级现有飞机需要很高的成本,而采用虚拟驾驶舱系统能够显著降低升级成本,并且可除去许多老式仪器仪表,减轻飞机的重量,节省能源。虚拟驾驶舱的关键技术是虚拟现实技术,随着虚拟现实技术的发展,虚拟驾驶舱系统的研究与设计也越来越受各国的关注。

虚拟现实技术又称灵境技术,它是在计算机图形学、多媒体技术、传感技术、人机接口以及计算机仿真技术的基础上发展起来的一门交叉技术,是一种可以创建虚拟世界计算机系统的技术。虚拟现实的过程首先要有创意,其次通过一定的交互过程,最后使人们产生一种沉浸其中的感觉,如图5-1所示。因此,其特性可用三个"I"来描述:构想性(imagination)、交互性(interaction)、沉浸性(immersion)。构想性指沉浸在多维信息空间中的用户通过自己的感知能力全方位地获取知识,充分发挥主观能动性,寻求解答,形成新的概念。交互性指参与者对虚拟环境内物体的可操作程度和从环境中得到反馈的自然程度。沉浸性指虚拟现实技术力图使用户在计算机所创建的三维虚拟环境中产生一种身临其境的感觉,使用户可以完全沉浸于计算机生成的虚拟环境中。

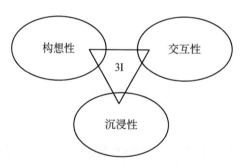

图5-1 虚拟现实技术的基本特征

5.3.2 虚拟驾驶舱实现方案

随着虚拟现实技术的发展,信息产业竞争的焦点逐步转向人机交互技术,世界各国都将其作为重点项目来研究。其中,虚实一致性是人机交互的一个重要切入点。综合国内外研究现状,主要有三种研究方案,分别是"看穿"方案、实时定位的触摸对象(touched objects positioned in time,TOPIT)方案和视觉定位跟踪方案。

1)"看穿"方案

"看穿"方案所采用的人机交互设备有透明的头戴式显示器、单目镜两种。它们都能够将计算机生成的虚拟景物叠加到使用者的自然视觉之上,从而丰富和补充了真实的世界,增强使用者对真实世界的感知能力。它们主要运用于增强现实(augmented reality, AR)系统中。增强现实系统通过将真实世界与计算机生成的虚拟事物叠加或糅合在一起实现真实与虚拟的结合,达到使用户对周围环境的感知增强的效果。在这种方案中,需要实时地检测出使用者头部的位置及视线方向,并将这些信息实时显示在显示屏上,从而可以使真实世界中的景物直接进入用户的视野。这种方案对算法要求严格,目前只能应用于静态景物建筑的构建。

2) TOPIT 方案

美国国防部下属的美国陆军模拟训练和仪器使用司令部(simulation, training and instrumentation command, STRICOM)主持研发了基于 TOPIT 技术的虚拟驾驶舱系统,其中 TOPIT 技术由美国计算机图形系统公司研制,并于 1998 年获取专利。该系统将激光扫描和数据手套相结合,实现对手部运动的跟踪。该系统使用 SGI Onyx/Reality Engine2 进行成像,其成本比通用计算机成像要高很多,因而不利于推广使用。另外,系统也没有解决虚实一致的问题。基于 TOPIT 方案的虚拟驾驶舱系统如图 5-2 所示。

图 5-2　基于 TOPIT 方案的虚拟驾驶舱系统

(来源: http://library. usc. edu. ph/ACM/CHI%202017/1proc/p6742. pdf)

3）视觉定位跟踪方案

近年来，视频技术不断发展与成熟，基于视觉的手部跟踪定位技术应运而生。这种技术逐渐成为该研究领域的一个热点，因为它无须在手部的位置上附加传感器，且成本较低。这项研究虽然已经有了丰硕的研究成果，但仍然存在一些不足之处，其中主要包括计算量较大、精度较低，这些都使其无法应用到工程中。另外，视觉定位跟踪技术无法确定手部的位置，而主要应用是跟踪手形。这种跟踪技术需要进行复杂的建模或在事先建立的手形模型中进行搜索匹配，这些都导致其无法实现实时跟踪功能。

5.3.3　虚拟驾驶舱相关技术

虚拟现实驾驶舱不但要求舱外的视景用计算机生成而且舱内的视景也一律用计算机生成，包括驾驶舱仪表、开关、飞行员手部等。同时，所有可触摸操作的部分均应与实物保持 1∶1 的比例。虚拟驾驶舱可分为有人虚拟驾驶舱和无人虚拟驾驶舱。

有人虚拟驾驶舱又称"浸入式"驾驶舱，是一种超越全景驾驶舱的方案。它由计算机虚拟环境发生器、头盔显示器、语音识别器、声音告警系统、头/眼/手的测量、定位和跟踪系统以及触觉/动觉系统组成。它能够将人带入一种封闭的虚拟环境中，然后通过多通道刺激人的感官，让人产生身临现实环境的感觉。同时，它还能够接收人手指的操作、头眼指向、语音等多通道控制信息，实现真正的人机交互，并且它还能够提供 4π 球面度（即完整球体），具有自然分辨率下的最大视野。主要涉及以下技术：

1）虚拟视网膜显示技术

虚拟现实技术是实现虚拟驾驶舱的主要技术途径。通过使用这项技术，驾驶舱内可以空空如也，而过去驾驶舱中采用的操纵装置和仪器仪表等被虚拟地显示在飞行员的护目镜上。虚拟现实技术的核心是一个全彩色的高分辨率、高亮度头盔显示器,而头盔显示器的关键技术是虚拟视网膜显示(virtual retina display,VRD)。它将调制过地对眼睛安全的激光光束直接投影到眼睛的视网膜上,从而产生一个光栅化的图像。它是视网膜扫描显示器(retina scan display,RSD)的一个子类,其特征是光学出射光瞳(optical exit pupil,OEP)小于 2 mm,用于低能见度辅助(low visibility auxiliary,LVA)、视力测试和窄视场或"敏捷"眼跟踪 OEP 显示系统,这是一种最轻和高效的 RSD 形式。其成像质量非常真实,同时具有立体感、全彩色、宽视角及不闪烁的特点。虚拟视网膜显示技术的优点如下:高分辨率,接近人的视觉感应;与标准的显示器相比,全彩色具有较高的色彩解析;能量消耗低;兼容各种显示模式;在户外使用时具有足够的亮度。

与以往头盔显示器的显示方式不同,虚拟视网膜显示直接将图像投射到视网膜上。与阴极射线管相比,虚拟视网膜显示没有感光体余晖,它是通过感光体光亮吸收特性和视觉暂存特性成像的。因此,由虚拟视网膜显示传送的光线和大脑产生的心理物理图像相互感应提高了显示图像的性能及质量。

基于虚拟视网膜显示的显示系统会根据飞行员注视的方向,将相应的视景显示在头盔显示器的护目镜上。如果飞行员视线注视驾驶舱内部,则头盔显示器就会出现各种虚拟的仪表板;如果飞行员视线转向驾驶舱外面,则头盔显示器就会呈现各种全色景物、导航和地形图。

虚拟现实驾驶舱最大的优点是可以方便地调整软件来实现驾驶舱的改进。另外,采用虚拟驾驶舱后,飞行员可以根据自己的习惯确定程序控制的操纵装置和仪器仪表的位置。因此,在驾驶不同的飞机时,飞行员不需要进行适应性训练。

2) 触觉态势感知技术

态势感知的高低对飞行安全和飞行效率均有重要的影响。较低的态势感知会使飞行员不能正确认识自身所处的环境,容易发生飞行事故,因此必须提高飞行员的态势感知能力。

触觉态势感知系统能够大大降低飞行员的工作负荷,将其从繁重的视觉信息读取中解脱出来,直接迅速地得到所需信息,从而可以将注意力主要集中在目标的跟踪和打击上。此外,触觉态势感知系统还能通过连续的触觉形式持续地为飞行员提示飞行方位信息。它的原理是在人体某些躯干部位安装一定数量的振动单元,振动单元与飞机的总线相连。这样可以实时地获取飞机的飞行姿态等信息,然后经过处理,发送电信号给相应的振动单元,根据不同位置的振动单元振动频率的不同,给予飞行员直观的触觉感受。

参考文献

[1] 金德琨,敬忠良,王国庆,等.民用飞机航空电子系统[M].上海:上海交通大学出版社,2011.

[2] IAN M, ALLAN S, MALCOLM J. Civil avionics systems [M]. 2nd ed. WILEY Press, 2013.

[3] CARY S, UMA F, THOMAS F. Digital avionics handbook [M]. 3rd ed. CRC Press, 2015.

[4] ISO. Basic human body measurements for technological design. Part 2: Statistical summaries of body measurements from individual ISO populations: ISO TR 7250-2[S]. Switzerland: ISO, 2010.

[5] FAA. Electronic flight displays: AC 25-11B[S]. Washington, D. C. : FAA,2014.

[6] Committee S-7. Appendix A electronic display symbology for EADI/PFD: SAE ARP 4102-7[S]. Warrendale, PA:SAE International,1999.

[7] FAA. Criteria for approval of category Ⅲ weather minima for takeoff, landing, and rollout: AC 120-28D[S]. Washington, D. C. : FAA, 1999.

[8] FAA. Criteria for approval of category Ⅰ and category Ⅱ weather minima for approach: AC 120-29A[S]. Washington, D. C. : FAA, 2002.

[9] FAA. Approval guidance for required navigation performance (RNP) procedures with authorization required (AR): AC 90-101A[S]. Washington, D. C. : FAA, 2011.

[10] RTCA. Minimum aviation system performance standards: required navigation performance for area navigation: DO-236C[S]. Washington D. C. : RTCA Inc. , 2013.

[11] Committee S - 7. Appendix C electronic display symbology for engine displays: SAE ARP 4102 - 7[S]. Warrendale, PA: SAE International, 1999.

[12] Committee S - 7. Appendix B electronic display symbology for EHSI/ND: SAE ARP 4102 - 7[S]. Warrendale, PA: SAE International, 1999.

[13] LOUKIA D L, KEY D, JMMANUEL B. Cockpit interruptions and distractions: A Line observation study[C]. Proceedings of the 11th International Symposium on Aviation Psychology, 2001: 1 - 6.

[14] 戴树岭,雷小永,梅继红. 虚拟仿真飞机座舱系统[J]. 系统仿真学报,2002(04): 488 - 492.

[15] Committee S - 7. Guidelines for development of civil aircraft and systems: SAE ARP 4754A [S]. Warrendale, PA: SAE International, 2010.

缩略语

缩写	全文	中文
AC	advisory circular	咨询通告
ACS	aircraft data network cabinet switch	飞机数据网络内置交换机
ACP	audio control panel	音频控制板
ACFD	advanced civil flight deck	先进民用飞机驾驶舱
ADC	air data computer	大气数据计算机
ADF	automatic direction finder	自动定向仪
ADS－B	automatic dependent surveillance-broadcast	自动相关监视
AFDS	autopilot flight director system	自动驾驶飞行指引系统
AFS	automatic flight system	自动飞行系统
AHRS	attitude and heading reference system	姿态航向基准系统
AIM	adaptive integral method	自适应积分法
AIMS	aircraft information management system	飞机信息管理系统
AJP	audio jack panel	音频插孔板
AMC	acceptable means of compliance	可接受的符合性方法
AMLCD	active matrix liquid crystal display	有源矩阵液晶显示
AOT	assembly outline-tooling	工装装配大纲
APU	auxiliary power unit	辅助动力装置
AR	augmented reality	增强现实
ARINC	Aeronautical Radio，Incorporated	航空无线电公司
ARS	aircraft data network remote switch	飞机数据网络外置交换机
ASBU	aviation system block upgrade	航空系统组块升级计划

ATC	air traffic control	空中交通管制
ATM	asynchronous transfer mode	异步传输模式
AUX	auxiliary	辅助
A429	ARINC 429	ARINC 429 协议
A664	ARINC 664	ARINC 664 协议
A818	ARINC 818	ARINC 818 协议
A825	ARINC 825	ARINC 825 协议
BARO	barometric	气压
BP	business process	业务流程
CAN	controller area network	控制器局域网
CAS	crew alert system	机组告警系统
CBIT	continuous build-in test	持续机内自测
CCD	cursor control device	光标控制设备
CDS	cockpit display system	驾驶舱显示系统
CFIT	controlled flight into terrain	可控撞地
COTS	commercial off the shelf	商用货架产品
CRT	cathode ray tube	阴极射线管
CPA	control panel annunciator	控制面板组件
CPTD	control panel test device	控制器测试设备
CRC	cyclical redundancy check	循环冗余码校验
CVR	cockpit voice recorder	驾驶舱语音记录仪
CVS	combined vision system	组合视景系统
CVT	current value table	当前值表
DA	decision altitude	决断高度
DCP	display control panel	显示控制面板
DLK	data link	数据链

DMC	display management computer	显示管理计算机
EADI	electronic attitude director indicator	电子姿态方向指示器
EAI	engine anti ice	发动机防冰
ECAM	electronic centralized aircraft monitor	飞机电子中央监控
ECB	electronic circuit breaker	电子断路器
ECL	electronic checklist	电子检查单
ECP	ECAM control panel	ECAM 控制板
ED	engine and flight deck alerting display	发动机与驾驶舱告警显示
EFB	electronic flight bag	电子飞行包
EFIS	electronic flight instrument system	电子飞行仪表系统
EFVS	enhanced flight vision system	增强飞行视景系统
EHSI	electronic horizontal situation indicator	电子水平位置指示器
EIS	electronic instrument system	电子仪表系统
ES	end system	终端系统
EVS	enhanced vision system	增强视景系统
EICAS	engine indicating and crew alerting system	发动机指示与机组告警系统
EGT	exhaust gas temperature	排气温度
ENG	engine	发动机
E/WD	engine/warning display	发动机与告警显示
FBW	fly by wire	电传操纵
FDAS	flight deck alerting system	飞机驾驶舱告警系统
FDR	fatigue damage rating	疲劳损伤等级
FHA	functional hazard assessment	功能危险性评估
FIFO	first in first out	先入先出

FF	fuel flow	燃油流量
FMA	flight mode annunciation	飞行模式通告
FMS	flight management system	飞行管理系统
FPA	flight path angle	飞行路径角
FPV	flight path vector	飞行路径矢量
GPM	general processing modular	通用处理模块
GUI	graphical user interface	图形用户界面
HDG	heading	航向
HDD	head down display	下视显示器
HIRF	high intensity radio frequency	高强射频
HMI	human machine interface	人机接口
HSI	horizontal situation indication	水平状态指示器
HUD	head up display	平视显示器
IBIT	initiated built-in test	启动机内自检测
ICAO	International Civil Aviation Organization	国际民用航空组织
IFR	instrument flight rules	仪表飞行规则
ISIS	integrated standby instrument system	综合备用仪表系统
I/O	input/output	输入/输出
IDU	integrated display unit	综合显示装置
IDAL	item development assurance level	项目研制保证等级
ILS	instrument landing system	仪表着陆系统
IMA	integrated modular avionics	综合化模块化航空电子
INS	inertial navigation system	惯性导航系统
IRU	inertial reference unit	惯性基准装置
ISS	integrated surveillance system	综合监视系统
KCCU	keyboard cursor control unit	键盘光标控制单元

KPH	kilogram per hour	公斤每小时
LCD	liquid crystal display	液晶显示器
LRU	line replaceable unit	外场可更换单元
LVA	low visibility auxiliary	低能见度辅助
MAG	magnetic	磁模式
MW/MC	master warning/master caution	主警告/主警戒
MCDU	multi-function control and display unit	多功能控制显示单元
MDA	minimum descent altitude	最低下降高度
MFD	multiple function display	多功能显示器
MFK	multi-function keyboard	多功能键盘
MiniCAB	mini cabinet	迷你机柜
MKB	multi-function keyboard	多功能键盘
ND	navigation display	导航显示器
NextGen	next generation air transportation system	下一代空中交通管理系统
OEM	original equipment manufacturer	原始设备制造商
OEP	optical exit pupil	光学出射光瞳
OIS	onboard information system	机载信息系统
OMS	onboard maintenance system	机载维护系统
PBIT	periodic built-in-test	周期内置自检
PBN	performance based navigation	基于性能的导航
PC	personal computer	个人电脑
PDU	power distribution unit	电源分配器
PF	pilot flying	把杆飞行员
PFD	primary flight display	主飞行显示器
PFOV	primary field of view	主视场

PM	pilot monitoring	监控飞行员
PPH	pound per hour	磅每小时
PSSA	preliminary system safety assessment	初步系统安全性评估
QNH	sea level atmosphere pressure	修正海平面气压
QFE	field elevation atmospheric pressure	场面气压
RCP	radio control panel	无线电控制面板
RDC	remote data concentrator	远程数据集中器
RGB	red/green/blue	红绿蓝
RIU	radio interface unit	无线电接口装置
RLS	remote lighting sensor	远程光传感器
RNP	required navigation performance	所需导航性能
RSD	retina scan display	视网膜扫描显示器
RTO	reject take-off	中断起飞
RVR	runaway visual range	跑道视程
RVSM	reduced vertical separation minimum	缩小最小垂直间隔
SD	system display	系统显示
SDIB	single device integration bench	单产品集成台
SEMP	system engineering management plan	系统工程管理计划
SESAR	single European sky ATM research	欧洲单一天空空中交通管理研究计划
SIVB	system integrated verification bench	系统集成验证平台
SSDL	subsystem development labs	子系统开发实验室
SOW	statement of work	工作说明书
SSP	source selection panel	源选择面板
SVS	synthetic version system	合成视景系统
SYN	synoptics	简图页

TACAN	tactical air control and navigation	战术空中导航系统（塔康）
TAWS	terrain avoidance warning system	地形防撞警告系统
TCAS	traffic alert and collision avoidance system	空中交通警告与防撞系统
TERR	terrain	地形
TOPIT	touched objects positioned in time	实时定位的触摸对象
TRK	track	航迹
TRR	test readiness review	验证就绪评审
TRU	true	真模式
UA	user application	用户应用程序
UUT	unit under test	受试装置
VFR	visual flight rules	目视飞行规则
VIB	vibration	振动
VHF	very high frequency	甚高频
VOR	VHF omnidirectional range	甚高频全向定位仪（伏尔）
VRD	virtual retina display	虚拟视网膜显示
VSD	vertical situation display	垂直位置显示
WXR	weather radar	气象雷达

索　引

大飞机出版工程　书目

《复合材料连接》

《飞机结构设计与强度计算》

三期书目（已出版）

《适航理念与原则》

《适航性：航空器合格审定导论》（译著）

《民用飞机系统安全性设计与评估技术概论》

《民用航空器噪声合格审定概论》

《机载软件研制流程最佳实践》

《民用飞机金属结构耐久性与损伤容限设计》

《机载软件适航标准 DO‐178B/C 研究》

《运输类飞机合格审定飞行试验指南》（编译）

《民用飞机复合材料结构适航验证概论》

《民用运输类飞机驾驶舱人为因素设计原则》

四期书目（已出版）

《航空燃气涡轮发动机工作原理及性能》

《航空发动机结构强度设计问题》

《航空燃气轮机涡轮气体动力学：流动机理及气动设计》

《先进燃气轮机燃烧室设计研发》

《航空燃气涡轮发动机控制》

《航空涡轮风扇发动机试验技术与方法》

《航空压气机气动热力学理论与应用》

《燃气涡轮发动机性能》(译著)

《航空发动机进排气系统气动热力学》

《燃气涡轮推进系统》(译著)

《燃气涡轮发动机的传热和空气系统》

五期书目(已出版)

《民机飞行控制系统设计的理论与方法》

《民机导航系统》

《民机液压系统》(英文版)

《民机供电系统》

《民机传感器系统》

《飞行仿真技术》

《民机飞控系统适航性设计与验证》

《大型运输机飞行控制系统试验技术》

《飞行控制系统设计和实现中的问题》(译著)

《现代飞机飞行控制系统工程》

六期书目(已出版)

《民用飞机构件先进成形技术》

《民用飞机热表特种工艺技术》

《航空发动机高温合金大型铸件精密成型技术》

《飞机材料与结构检测技术》

《民用飞机构件数控加工技术》

《民用飞机复合材料结构制造技术》

《民用飞机自动化装配系统与装备》

《复合材料连接技术》

《先进复合材料的制造工艺》(译著)

七期书目(已出版)

《支线飞机设计流程与关键技术管理》

《支线飞机验证试飞技术》

《支线飞机电传飞行控制系统研发及验证》

《支线飞机适航符合性设计与验证》

《支线飞机市场研究技术与方法》

《支线飞机设计技术实践与创新》

《支线飞机项目管理》

《支线飞机自动飞行与飞行管理设计与验证》

《支线飞机电磁环境效应设计与验证》

《支线飞机动力装置系统设计与验证》

《支线飞机强度设计与验证》

《支线飞机结构设计与验证》

《支线飞机环控系统研发与验证》

《支线飞机运行支持技术》

《ARJ21‐700新支线飞机项目发展历程、探索与创新》

《飞机运行安全与事故调查技术》

《基于可靠性的飞机维修优化》

《民用飞机实时监控与健康管理》

《民用飞机工业设计的理论与实践》

八期书目(已出版)

《航空电子系统综合化与综合技术》

《民用飞机飞行管理系统》

《民用飞机驾驶舱显示系统》

《民用飞机机载总线与网络》

《航空电子软件开发与适航》

《民用机载电子硬件开发实践》

《民用飞机无线电通信导航监视系统》

《飞机环境综合监视系统》

《民用客机健康管理系统》

《航空电子适航性分析技术与管理》

《民用飞机客舱与机载信息系统》

《民用飞机驾驶舱集成设计与适航验证》

《航空电子系统安全性设计与分析技术》

《民机飞机飞行记录系统——"黑匣子"》

《数字航空电子技术(上、下)》